中国传统道德智慧

王正平 —— 著

上海教育出版社

图书在版编目（CIP）数据

中国传统道德智慧 / 王正平著. — 上海:上海教育出版社, 2020.4
ISBN 978-7-5444-9828-9

Ⅰ.①中… Ⅱ.①王… Ⅲ.①伦理学－研究－中国
Ⅳ.①B82-092

中国版本图书馆CIP数据核字(2020)第032358号

责任编辑　储德天
责任校对　方文琳
封面设计　卢　卉

ZHONGGUO CHUANTONG DAODE ZHIHUI
中国传统道德智慧
王正平　著

出版发行　上海教育出版社有限公司
官　　网　www.seph.com.cn
地　　址　上海市永福路123号
邮　　编　200031
印　　刷　上海展强印刷有限公司
开　　本　890×1240　1/32　印张 11　插页 4
字　　数　255 千字
版　　次　2020年4月第1版
印　　次　2020年4月第1次印刷
书　　号　ISBN 978-7-5444-9828-9/B·0174
定　　价　58.00 元

如发现质量问题，读者可向本社调换　电话:021-64377165

王正平，现任上海师范大学哲学与法政学院二级教授、特聘教授、博士生导师，伦理学博士点创建人，上海师范大学跨学科研究中心主任，上海师德研究与评价中心主任，《上海师范大学学报》（哲社版）副主编，《教育伦理研究》主编；兼任国家社会科学基金学科规划评审专家、中国伦理学会教育伦理专业委员会主任、中国伦理学会环境伦理专业委员会副主任、北京大学应用伦理中心客座研究员、中国社会科学院应用伦理学研究中心特约研究员等。

已出版学术著作40多部，其中代表作有：《教育伦理学》《高校教师伦理学》《教育伦理学——理论与实践》《善的智慧》《环境哲学——环境伦理的跨学科研究》《应用伦理学》《现代伦理学》《伦理学与现时代》等。学术译著有：《罗素文集》《最终的安全》《中国人的性格》等。已在《哲学研究》《道德与文明》《伦理学研究》《光明日报》等刊物发表120余篇学术论文，30余篇论文被《新华文摘》《中国社会科学文摘》《高等学校文科学术文摘》等全文转载。主持和完成多个全国哲学社会科学规划项目、上海市哲学社会科学重点项目。个人学术著作获上海市哲学社会科学优秀成果一等奖1项、二等奖1项、三等奖4项；主编的我国第一本《教育伦理学》获全国"伦理学30年优秀学术成果著作奖"。

目录

引　论

汲取中国固有道德之
智慧，弘扬中华民族
优秀道德传统

中华民族有着五千年悠久历史,素以文明古国、礼仪之邦著称于世。中国的传统道德思想和道德教育思想,作为整个传统文化的一部分,在中华民族的文明发展史上起着重要的作用,对铸造中国人特有的道德品质和民族精神产生了深远的影响。中华民族在文明发展中孕育的中华优秀传统伦理道德,积淀着中华民族最深层的伦理价值追求,代表着中华民族独特的道德精神内涵,是中华民族生生不息发展壮大的丰厚道德滋养,是当代中国建设现代文明,实现中华民族伟大复兴的重要思想资源。

　　著名英国思想家罗素在 20 世纪 20 年代亲自来中国讲学和考察之后,曾认真探讨过世界上几大古国文明中,埃及、巴比伦、波斯、马其顿和罗马帝国的文明都相继消亡,但中国文明却通过持续不断的改良,得以保存下来的原因。他发现,这与中国文明所固有的道德特质有关。正是中国的传统道德文化的影响和中华民族的生活实践,使"四万万中国人汇聚成这样的一种强大的力量:坚韧不拔的民族精神,不屈不挠的刚强伟力,以及无与伦比的民族凝聚力"①。罗素从中西文明比较的视角,明确提出要学习中国人"善于沉思的明智"和"中国人的某些无与伦比的优秀品质"。他指出:"这些优秀的品质正是现代社会生活最最迫切需要的。"②

　　道德是中国传统文化的价值基础,而古往今来所有中国思想

---

① 罗素:《中国人的性格》,王正平译,中国工人出版社 1993 年版,第 59 页。
② 同上。

家"究天人之际"的根本目的是求善。"彰善瘅恶"(《尚书·毕命》)是中国传统道德的基本使命。在中文里,"善"具有吉、美、良、好的含义,而"恶"有凶、丑、坏、害的含义。"善"是中国传统道德的价值目标和伦理基础。孔子倡导"其善者好之,其不善者恶之"(《论语·子路》)。中国传统道德教育乃至全部教育活动的目的,是培养"善人",即有"善德"的"君子",《周易·大有》中早就有"君子以遏恶扬善"之说。孔子说:"善人,吾不得而见之矣;得见有恒者,斯可见。"(《论语·述而》)《公羊传·昭公二十年》曰:"君子之善善也长,恶恶也短;恶恶止其身,善善及子孙。"因此,在一定意义上,中国传统道德思想就是求善的学问,中国传统道德教育思想,则是培养"善人"的学说。

中国传统道德理论,包括传统道德教育思想,内容宏富,博大精深。其中关于人伦、品德、修身、养性的种种见解,尽管仁者见仁,智者见智,但总体上反映了中国古人的"善的智慧",是人类文明思想宝库中的重要内容。中国传统道德理论是中国先哲们探讨人们生活的价值目标、行为准则、从善方式、个性完善的重要智慧。源远流长、代代相传的中华民族传统美德,则包含着人类合理生存的道德真理。正如苏格拉底所说:"美德整个地或部分地是智慧。"①

中华民族在自身的文明发展历程中,形成和凝聚了极其丰富的、既具有鲜明的民族个性,又体现全人类共同道德智慧的道德理念、道德规范和价值原则,它们对当代中国和世界道德秩序的重建有着不可或缺的重要作用。例如,在人与自然关系中,崇尚道法自

---

① 北京大学哲学系外国哲学史教研室编译:《古希腊罗马哲学》,商务印书馆1982年版,第166页。

然，天人合一，厚德载物，生生之谓大德；在人与大众关系中，崇尚天下为公，大同世界，民胞物与；在官民关系中，崇尚为政以德，政者正也，以民为本，安民、惠民、富民；在人与国家关系中，崇尚家国为本、精忠报国，位卑未敢忘国忧；在人己关系中，崇尚仁爱精神、仁义为先、诚信为本，己欲立而立人，己欲达而达人，己所不欲，勿施于人；在人生事业上，崇尚敬业乐业，进取有为，爱物利人，君子以自强不息；在人生理想和自我修养上，崇尚礼义廉耻、淡泊名利、立德树人、见贤思齐、君子人格。这些优秀的道德智慧包含着中华民族生生不息、繁荣发展的文化基因。

目前，我国正在进行社会主义现代化建设。建设有中国特色的社会主义精神文明，加强全社会的思想道德建设，应当积极汲取中国传统道德智慧，弘扬中华民族优秀道德传统。鲁迅先生早就提出：中国道德文化的重建，应当"外之不后于世界之思潮，内之仍弗失固有之血脉"（《摩罗诗力说》）。毛泽东也指出："今天的中国是历史中国的一个发展；我们是马克思主义的历史主义者，我们不应当割断历史。从孔夫子到孙中山，我们应当给以总结，承继这一份宝贵的遗产。"①但是，新中国成立以来，曾在相当长的一段时间内，特别是"文化大革命"，受极"左"思想的影响，对中国传统伦理道德思想只强调批判，不注意继承，采取全盘否定的虚无主义态度，严重阻碍了当代中国人对中华民族固有的优秀道德传统的继承与发扬，造成了现实生活中的某些道德退步，影响了整个社会主义思想道德的建设。实践告诉我们，每一个民族的道德建设，都有独特的历史继承性。现代中国的社会主义新道德，不是一下子从

①《毛泽东选集》第二卷，人民出版社 1966 年版，第 708 页。

天上掉下来的,而是中国几千年来历史创造出来的全部道德智慧"合乎规律的发展"。

道德为什么具有历史继承性?历史唯物主义告诉我们,一方面,道德是一定社会经济条件的产物,各个时代不同经济形态之间的历史连续性,决定了道德的历史继承性。马克思和恩格斯指出:"历史的每一阶段都遇到有一定的物质结果,一定数量的生产力的总和,人和自然以及人与人之间在历史上形成的关系,都遇到在前一代传给后一代的大量生产力、资金和环境,尽管一方面这些生产力、资金和环境为新一代所改变,但另一方面,它们也预先规定着新的一代的生活条件,使它得到一定的发展和具有一定的性质。"①道德作为人类文明的一把尺度,随着人类社会物质生活条件的改善,在总体上是进步着的。每一社会的道德思想往往既有一定的阶级性和历史性,需要后人加以批判、改造、更新,同时又有其共同性,表现出人类共同的道德智慧,需要后人加以汲取与继承。

另一方面,每一个国家、民族的道德传统一旦形成,具有相对独立性,具有内在的历史发展规律。不同的国家、民族的道德传统,是各国人民在不同的政治经济、自然环境、文化教育等条件下,经过长期的历史复杂积淀而形成的,构成每一个国家、民族不同的道德心理和行为习惯。道德传统成为新道德形成和发展的现实历史基础,即使是具有崭新思想内涵的新道德,也只有从本民族的道德传统中找到"思想支撑点",才有益于新道德的普及、推广和提高。马克思和恩格斯指出:"一切划时代体系的真正内容都是由于

---

① 《马克思恩格斯选集》第2卷,人民出版社1955年版,第39页。

产生这些体系的那个时期的需要而形成起来的。所有这些体系都是以本国过去的整个发展为基础的,是以阶级关系的历史形成及其政治的、道德的、哲学的以及其他的后果为基础的。"①毫无疑问,我国新时代的社会主义道德规范和道德教育体系,应当建立在中华民族几千年积累起来的道德文明基础之上。

中华民族的优秀道德是中华民族文化的根,精神的魂。近几年来,我们国家的最高领导层反复强调要坚持文化自信,继承和弘扬包括中华民族优良道德传统的整个民族的优秀文化是一种有远见、有价值的文化抉择。

然而,我们也应当清醒地看到,中华民族的传统文化既包括优良的美德,也包含腐朽的糟粕,我们应当用辩证唯物主义和历史唯物主义的立场、观点和方法,吸收其民主性、进步性的精华,剔除其局限性、腐朽性的糟粕。罗国杰先生指出:"凡能推动社会进步、有利于人和人之间的和谐与信任、更好地调整社会各个利益集团的矛盾、包含着达到真理的因素的道德,就是中华民族道德中的'精华';反之,那些阻碍社会进步、压抑人的个性发展、只是有利于等级制度而增加社会矛盾的道德,就是中华民族传统道德中的'糟粕'。"②例如,在我国的传统道德中,以君为臣纲、父为子纲、夫为妻纲的"三纲"基本属于束缚人性的糟粕,应当予以彻底否定。在封建社会中,所谓"君为臣纲",就是君主有至高无上的权力,"君权神授",是任何人在任何时候都不可违反的。君主"以一人之大私以为天下之大公",为搏一人之产业,不惜涂炭天下之黎民。所谓

---

① 《马克思恩格斯选集》第 3 卷,人民出版社 1972 年版,第 544 页。
② 罗国杰:《论中华民族传统道德的"精华"与"糟粕"》,载《道德与文明》2012 年第 1 期。

"父为子纲"，就是在片面强调子女顺从父母的道德旗号下，扼杀子女的人格独立与思想自由，把封建的伦理束缚在家庭固化。所谓"夫为妻纲"，就是使夫权成为约束妇女的永远不可解脱的绳索。封建社会中所称颂的"节妇""饿死事极小，失节事极大"，无论丈夫好坏，都要"从一而终"。在中国长期的封建社会中，"三纲"严重束缚着大多数人的道德独立性，压抑着人的道德自觉，限制着人的自由，把每个人都应当享有的道德权利从根本上否定掉了。

因此，在中国传统道德中，像"三纲"这样的糟粕因素，在全社会把复兴中国传统文化和传统道德作为"思想时髦"的今天，仍然应当旗帜鲜明地予以彻底否定和批判。要特别警惕有些人打着复兴中华传统文化和传统道德的幌子，反对对传统的东西"批判地继承"，主张对封建社会的一切经典、一切礼仪、一切古训全盘继承，大搞"尊孔读经"，简单复古，试图用儒家伦理或中国传统道德，否定"五四运动"以来，直至我国改革开放以来形成的与时俱进的社会新道德、新文化。

笔者在本书中重点探讨和分析了中国传统道德论中具有现代价值和全人类价值的积极因素，以便一般的读者，特别是广大青少年学生，能对博大精深、饱含智慧的中国优秀道德传统思想有一个概览性的了解。在逐一介绍中国历史上杰出思想家的重要道德思想贡献的同时，也或多或少地提及他们道德理论中的某些思想局限和消极因素。

纵览中外伦理思想史，比较中西道德理论，笔者认为两种不同特质的道德文化各有所长。如上所说，中国传统伦理道德的优点在于重视天人合一，讲究人伦秩序，倡导仁爱精神，注重道德责任，追求和合境界。同时我们应当看到，中国传统伦理道德是在几千年的特定社会历史条件下形成的,从当代我国道德文明建设的实际需要看,以传统儒家道德思想为代表的中国传统伦理道德,存在某种历史局限性:其一,重义轻利,重天理,灭人欲,或多或少地忽视普通民众个人的正当权益。在以尊重和保护个人正当利益为基础的现代契约社会和商品经济社会中,任何否认和抹杀个人合理利益正当性的道德理论,既不会为人们心悦诚服地接受和认可,也缺乏不顾及个人正当利益的道德生存运作的现实基础。其二,重社会整体利益和大一统秩序的维护,或多或少轻人际平等、个人自由与个人价值。在现代道德生活中,保障公民的平等与自由,尊重每个人的个人价值与尊严,是一切社会文明和道德文明的基本诉求,是激发人们从事经济、政治、科学文化创造的社会精神条件。其三,重德治和人治,或多或少轻法治和规则。在中国传统文化中,常常把道德治理、圣人治国,人的道德自觉作为社会治理和人际和谐的根本,而常常忽视建构人人都应当坚守的法律和规则的重要伦理价值。现代社会生活中,合理的道德与法律都是人们应当遵守的行为规范。法律和规则是最低限度道德的保障,道德与法律相辅相成。其四,重和合、轻公正,或多或少缺乏对公平、正义、民主的至高价值追求。尽管我国传统伦理道德中的"义""理"这样或者那样地蕴含了追求社会正义的道德因素,但十分薄弱,在与现代伦理道德观念对接时,有些显得明显缺位。随着我国经济文化的巨大进步,平等、自由、公正、民主已成为全社会倡导的核心价值观念。这些极其重要的道德原则、规范和理念的现代建构,需要我们对传统伦理道德进行批评和反思,立足当代,不忘本来,吸收外来,开辟未来。

弘扬中华民族的传统美德,我们应当以社会主义核心价值观为引领,坚持古为今用,洋为中用,坚持创造性转化和创新性发展。对中国传统伦理道德,要以辩证唯物主义和历史唯物主义的态度,秉持客观、科学、礼敬、理性的态度,取其精华、去其糟粕,批判继承、转化创新。既不泥古复古,又不简单否定,以与时俱进的时代精神,对一切有益的道德文化基因和传统赋予新的内涵,不断拓展完善,使正在建构和形成中的中华民族新道德,与新时代的文化发展方向相一致,与社会主义市场经济相契合。

弘扬中华民族的传统美德,要坚持开放包容,善于学习和借鉴包括西方国家优秀道德在内的一切体现人类文明进步的道德智慧。在交流互鉴中取长补短、择善而从,既不简单地拿来主义,也不盲目排外,积极吸收借鉴国外优秀的道德文明成果,同时把中华民族的传统美德和新时代的优秀道德精神传播给全世界,使中华民族的道德文明进程与全人类的道德文明进步融为一体。

我们国家如何在经济社会迅速发展过程中,在继承中华民族优秀道德基础上,借鉴世界各国道德建设的有益经验,科学而准确地概括和凝练当代中国的新时代道德精神,是道德建设的一项艰巨而重要的任务。近年来,新加坡在积极吸取儒家道德文明优良传统基础上,根据当代社会道德的需要,提出了可为人们借鉴的"亚洲价值"。它提出五大价值:第一,国家社会比个人重要;第二,国之本在家;第三,国家要尊重个人;第四,和谐比冲突更有利于维持秩序;第五,宗教间应该互补和平共处。这五项原则所包含的不仅是包括传统中国儒家的价值,也包括100多年来吸收西方文明所发现的新价值,如,国家要尊重个人。这里说的"亚洲价值"所包含的道德价值要素并非只有亚洲所有。这是一套有别于西方社会个人优先价值体系的非个人主义优先的价值观,是亚洲现代性的价值观,它的核心不是个人的自由权利优先,而是族群和社会利益优先;不是关联各方的冲突优先,而是关联各方的和谐优先。"我们说它不能够用来压制人权,它需要靠扩大民主和尊重个人的价值来实现对人权的保护。但是它与西方价值确实不同,就是它的总体的价值态度,要求个人具有对他人、对社群的义务和责任。"①

今天,以前所未有的、生气勃勃的改革精神投入中国特色社会主义现代化建设的中国人,为了实现社会主义现代化和中华民族伟大复兴,建成富强民主文明和谐美丽的社会主义现代化强国,正日益认识到在新的历史条件下,正确弘扬中华民族优秀道德传统,建设新型的民族道德精神的急迫性,认识到汲取我国古代道德教育的成功经验,加强全民和学校道德教育的重要性。我们应当以辩证唯物主义与历史唯物主义为指导,以实事求是的科学态度,从实际出发,重新认真探讨中国传统道德论的基本特点和优点,分析中国历代著名思想家和教育家的基本道德思想和道德教育思想,"濯去旧见,以来新意",大胆地批判继承中国传统道德智慧中一切合理的、有益的因素,创造性转化和创新性发展,为建构有中国特色的新型社会主义道德规范体系,塑造新型的理想道德人格,加强和改善学校与社会的道德教育服务。

---

① 陈来:《世界意义的儒家》,《中华读书报》2013 年 05 月 22 日 09 版。

第一章

中国传统道德哲学和道德教育

在中国，"哲"是聪明、智慧之意；"哲学"即是聪明、智慧之学。《尚书·皋陶谟》记载大禹语说："知人则哲，能官人，安民则惠，黎民怀之。"《孔氏传》解释说："哲，知也。无所不知，故能官人、惠爱也。爱则民归之。"尽管中国传统哲学的思想内容极为丰富，它涉及世界的本原及存在形式，人和整个世界的关系，肉体与精神的关系，审美关系及思维形式等广泛领域，但人与人、个人与社会、群体的伦理关系，始终是中国哲学的重要内容。道德哲学，即探讨人与人、个人与社会、群体伦理关系的"智慧之学"，在整个中国哲学中占有极其重要的地位。

道德哲学，又称伦理学，它的研究对象是道德。道德是社会意识形式之一，既是指以善恶评价的方式，借助于社会舆论、人们的内心信念和传统习惯的机制来调节人与人、个人与社会、群体相互关系的原则规范的总和，又是指与此相应的行为和活动。中国的道德哲学，在古代称为"为人之道""做人之理"，是关于道德的观点、思想和见解的理论，探求人的完善的学问。道德教育，是道德实践活动的重要形式之一，指一定社会或集体为使人们自觉遵循特定的道德行为准则，履行对社会和他人的相应义务，而有组织、有计划地施加系统的道德影响，是把一定社会或集团的道德要求转化为人的内在品质的重要条件。在我国古代，道德教育称为"教化"或"德教"，为历代统治者所重视。"教化"或"德教"，既是指面对包括统治阶级在内的全社会人的道德教育，又是指学校教育中面向学生的道德教育,二者互相关联,是封建社会中统一人的思想道德观念,规范人与人的关系,完善人的品质的重要手段。

中国传统哲学、道德哲学和道德教育都是以"人"为中心,以认识人、完善人、培养人为宗旨,这三者之间有着密切的内在关联。

一 道德哲学在中国哲学中的位置

在中国传统哲学中,真、善、美是统一的。但是,在根本价值的选择上,三者不是平行的,而是有着明显的侧重,即以善为一切价值的核心。与西方哲学比较,如果说"中国哲学的特点之一,是那些可称为逻辑和认识论的意识不发达"①,那么,中国的道德哲学则非常发达;如果说,中国哲学对自然界的规律探索有限,那么,中国哲学对人际关系的认识,对人的道德品质的深究,却为世界众多哲学家、伦理学家所瞩目。黑格尔曾说:"当我们说中国哲学,说孔子的哲学,并加以夸羡时,则我们须了解所说的和所夸羡的只是这种道德。这道德包含有臣对君的义务,子对父、父对子的义务以及兄弟姐妹间的义务。这里面有很多优良的东西。"②

1. 中国传统哲学的人本主义倾向

中国传统哲学的基本精神,是对人在宇宙中的生存意义进行形而上的理论观照,在天地万物流行大化中探求合理的生命方式,教人如何做人。人是中国传统哲学关注的重心。不论是儒家学说、墨家学说,还是道家学说,哲学的各种学派尽管内容观点有别,

---

① 金岳霖:《中国哲学》,载《哲学研究》1985 年第 9 期。
② 黑格尔:《哲学史讲演录》第一卷,贺麟、王太庆译,商务印书馆 1983 年版,第 125 页。

但都以追求理想的社会和生活范型为鹄的,以"天人合一""知行合一""情景合一"的真、善、美的理想的"圣人"作为社会道德人格。一切真理,以人生的真理为归宿;全部哲学,以对人的"终极关怀"为目的。因此,在中国传统哲学中,探讨人生与人的行为价值的道德哲学特别兴旺。

在中国古代的哲学家看来,"人"是天地万物中最重要的,只有"人"才能"为天地立心,为生民立命,为往圣继绝学,为万世开太平"。人是整个宇宙的中心。中国先哲视野中的宇宙天地,不仅是机械的自然物质运动的场所,而且是普遍生命流行的境界。其中,"天人合一",精神与物质现象融会贯通。一切至善至美的价值理想,尽可以随生命之流行而得到实现。宇宙是道德的领地,人生的园地。《周易·系辞上传》说:"一阴一阳谓之道,继之者善也。"还说:"乾以易和,坤以简能""易简之善配至德""天地设位,而易行乎其中矣,成性存存,道义之门"。

中国传统哲学肯定人在宇宙中的重要地位,强调人生活在天地万物之中,应自强不息,奋发有为,体现宇宙大化流行的普遍精神。《周易·象传》说:"天行健,君子以自强不息。"因此,人生在世,对自己有要求,有做人的道理,有做人的理想和追求。中国哲人一直把和谐一致的"大同"境界作为一种社会理想。而"大同世界"的基本要求首先是每个人能懂得做人的道德规范,努力"至善"。《大学》一书开宗明义地指出:"大学之道在明明德,在亲民,在止于至善。"又说:"古之欲明明德于天下者,先治其国。欲治其国者,先齐其家。欲齐其家者,先修其身。欲修其身者,先正其心。欲正其心者,先诚其意。欲诚其意者,先致其知。致知在格物。格物而后知至,知至而后意诚,意诚而后心正,心正而后身修,身修而后家齐,家齐而后国治,国治而后天下平。"中国传统哲学中的重要思想家,大多把道德看成是"身心性命之学",注意伦理道德在生活中的重要意义,把建立和谐统一的社会作为自己的责任。中国传统哲学的人本主义倾向是以德性论,特别是以儒家为代表的道德决定论为主导的,强调正心、修身、齐家、治国、平天下,从个体内心品性的完善着眼,追求人与人、人与社会、人与自然的和谐统一。

中国传统哲学的这种人本主义倾向,使中国的传统道德哲学在整个哲学思想中占有举足轻重的位置。道德思想与哲学思想交织在一起,道德成为哲学思考的重点。在道德及世界的本原问题上,一些哲学家由"天"及"人",从"天道"推衍出"人道",把"天道"作为"人道"的根据。《礼记·中庸》说:"诚者,天之道,诚之者,人之道。"宋代的张载从唯物主义的气一元论,引申出"民吾同胞,物吾与也"的道德原则。另一些哲学家由"人"及"天",把"人道"抽象为适用于宇宙万物的普遍法则,并神化为"天命""天意",然后又倒过来把这个虚构出来的"天道"作为"人道"的本原,所谓"天不变,道也不变",以论证封建道德纲常的合理性。中国传统哲学把道德修养论作为哲学认识论的主要内容和形式。"知"主要是指道德体认,"行"主要是指道德实践。道德修养的途径和方法与认识世界的途径和方法往往混同在一起。中国传统哲学的这种人本主义倾向,优点是重视发挥人的自觉能动性,发挥伦理道德在协调人与人的关系及稳定社会秩序中的作用;缺点是对客观世界的规律性研究不够,在认识论、逻辑学方面的理论发展不充分,这在一定程度上阻碍了中国近现代科学技术的发展。

古罗马哲学家西塞罗赞美哲学说:"哲学! 人生之导师,至善之良友,罪恶之劲敌,假使没有你,人生又值得什么!"①假如说,西方哲学从世界观、认识论、方法论上有益于人走向至善,那么中国传统哲学的主要内容是道德哲学,直接指导人认识善、实现善、"至于善"。

2. 中国传统哲学中的"德"与"道德"概念

在中国传统哲学中,"德"是指善良的品行、高尚的品格。据《释名·释言语》说:"德,得也,得事宜也。"又据《说文》解释:"德,外得于人,内得于己也。""德"包含恰当地处理人际关系,于人于己都有得益之意。

"德"字在我国历史上的起源及其原始意义,已难考定。但据一些古文字学家对甲骨文的考证,发现西周大盂鼎铭文内已铸有"德"字。《诗经·大雅·烝民》说:"天生烝民,有物有则,民之秉彝,好之懿德。"《尚书·康诰》说:"惟乃丕显考文王,克明德慎罚。"《尚书·召诰》说:"王其疾敬德。"《尚书·盘庚》说:"非予自荒兹德""予亦不敢动用德""式敷民德,永肩一心"。这些德字都是指德行、品德之义。据《左传》记载,春秋时期的"德",一般也是指德行、品行。如"臣闻以德和民"(隐公四年),"姑务德以待时乎"(庄公八年),"太上以德抚民"(僖公二十四年),"正德利用厚生"(同上),"德、国家之基也"。在春秋时期,"德"字与"道"字是分开来讲的两个概念。孔子说:"志于道,据于德,依于仁,游于艺。"(《论语·述而》)"道"是行为应当遵循的原则,"德"是实行原则的有益实践。《中庸》说:"苟不至德,至道不凝焉。"只有至德之人才能体现至道。在儒家的早期著作《论语》《孟子》中尚无"道德"两字的相连并提。

---

① 转引自方东美:《中国人生哲学概要》,问学出版社1984年版,第2页。

后来，"道"与"德"经常并举，逐渐联结为一个词。

儒家对"道德"一词的使用，始见于《易传》和《荀子》。《周易·说卦传》说："和顺于道德而理于义，穷理尽性以至于命。"《荀子》说："故学至乎礼而止矣，夫是之谓道德之极。"（《荀子·劝学》）又说："言道德之求不后王。"（《荀子·儒效》）还说："威有三，有道德之威者，有暴察之威者，有狂妄之威者。"（《荀子·强国》）在战国后期，"道德"逐步成为儒家著作中的常用名词。

道家对"德"概念的理解，与儒家对"德"概念的理解，有一致，又有区别。《道德经》说"孔德之容，惟道是从"（《道德经》二十一章），"上德不德，是以有德；下德不失德，是以无德"（《道德经》三十八章），"上德若谷"（《道德经》四十一章），"报怨以德"（《道德经》六十三章）。这些"德"字，一般也是指德行、品德之义。但是，道家的"德"字，有自己的独特含义。《道德经》说："道生之，德畜之，物形之，势成之。是以万物莫不尊道而贵德。道之尊，德之贵，夫莫之命而常自然。"（《道德经》五十一章）这里的"德"，是指万物生长的内在基础。另外，《庄子·天地》说："故形非道不生，生非德不明。"又说："物得以生，谓之德。"《管子·心求》说："虚而无形谓之道，化育万物谓之德。"又说："德者道之舍，物得以生。""故德者得也，得也者谓之其所以然也。"这里的"道"，是指天地的本原，万物共同必须遵循的最高准则，"德"是指天地万物所具有的本性，"化育"、有"得"的依据。

在《庄子·内篇》中，没有将"道德"二字连用，但在《庄子·外篇》中则多次将"道德"作为一个词使用。如："多方乎仁义而用之者，列于五藏哉！而非道德之正也"（《庄子·骈拇》），"毁道德以为仁义，圣人之过也"（《庄子·马蹄》），"夫虚静恬淡、寂寞无为者，天地之平而道德之至"(《庄子·天道》)。在这里,道德的概念虽与儒家有所不同,但也有相似之处。

在中国传统哲学中,"道德"既是一个概念,又是指两个概念。把"道"与"德"分别看,"道"是指人的一切行为应当遵循的基本的、最高的准则;"德"是指德行、品德,是对合理的行为原则的具体体现。"道德"作为一个完整的概念,则是指行为原则及其具体运用的总称。[①] 随着中国道德思想的发展,道德逐步作为以"精神——实践"的方式把握世界的一种特殊方式,日益为哲学家、政治家、教育家所重视,在漫长的中国封建社会中发挥着正心、修身、齐家、治国、平天下的独特作用。

二 人格的"至善"——中国传统道德教育的宗旨

中国传统哲学从一开始即立足于对人的现实生命价值的观照,探求和谐的人际关系与理想的社会生活,并把每个人道德人格完善看作是整个社会完善的基础。中国古代的哲人们把人们道德人格完善的希望寄托在教育上。荀子说:"以善先人者谓之教。"(《荀子·修身》)传说为"孔子教人的教案"的《大学》一书,更是开宗明义:"大学之道,在明明德,在亲民,在止于至善。"中国传统教育的宗旨是使人"明德",培养人格的"至善"。

1. 中国传统道德教育的根本目的是培养理想的道德人格

美国现代哲学家、教育家杜威有一句名言:"一切教育的最终

---

① 参见张岱年:《中国伦理思想研究》,上海人民出版社1989年版,第3页。

目的是形成人格。"①我国宋代哲学家、教育家张载早就说过："为学大益,在能变化气质。"（《经学理窟·义理》）中国古代的学校教育,从形成的时候起,就把培养人的理想道德人格作为教育活动追求的根本价值目标。在中国古代,许多哲人贤者是哲学家、伦理学家、教育家"三位一体"。他们研究的主要内容是包括人生哲学在内的道德哲学,并把自己道德哲学中探求和描绘的理想道德品行和人格理论付诸教育实践活动,力图培养出大批道德高尚的人,以淳化民风、救世济民。

中国古代许多思想家,特别是儒家和墨家,围绕着理想道德人格,对生与死、荣与辱、义与利、理与欲、群与己以及道德行为准则等问题进行了广泛深入的探讨。儒家的道德人格具有积极有为的特点。他们充分肯定人在宇宙中的地位和作用,把"有义"视为人之所以异于禽兽而"最为天下贵"的根本标志。因而,把"知义""求义""尽义"视为有道德的"君子""圣人"的根本目标,把"富贵不能淫,贫贱不能移,威武不能屈"看成是正人君子的基本人格,把实践仁义道德作为人生的最高义务。他们主张"重义如泰山,轻利如鸿毛",提倡"杀身成仁""舍生取义",以"逝者如斯夫,不舍昼夜""明知不可而为之"的刚健有为精神投入世务,"尽其道而死"。墨家的道德人格同样十分积极有为,他们"贵义""尚利",斥"命"颂"力","摩顶放踵""备世之急",把"兴天下之利,除天下之害"作为人生的奋斗目标,虽牺牲自己的生命也义无反顾,在所不惜。以儒家为主导的中国古代传统理想道德人格思想,尽管长期受到占统治地位

---

① 杜威:《杜威教育论著选》,赵祥麟、王承诸编译,华东师范大学出版社1981年版,第98页。

的封建道德思想体系的制约，引导人们为封建地主阶级去"卫道""殉道"，但也曾激励进步的仁人志士为天下兴亡、民族大义而英勇奋斗，对中华民族的道德文明进步产生过积极的影响。

中国传统的理想道德人格，是中华民族传统道德人格的精神基石。培养理想道德人格，是中国古代教育活动的目标。在中华民族的几千年文明史上，许多杰出的思想家、教育家正是在不断继承传统理想道德人格积极因素的基础上，从每一时代的进步要求出发，变革维新，把它作为一种推动人与社会共同进步的"时代精神"，以"强避桃源作太古，欲栽大木柱长天"的宏志大愿，在教育实践中辛勤耕耘，为国家和民族的进步培养具有理想道德人格的大批优秀人才。

2. 道德教育在中国古代学校教育中占首要地位

中国古代的学校教育在世界各国中发展较早。作为社会教育活动的专门机构和场所，在原始氏族社会中称"庠"。"庠者，养也"，是氏族社会中由富有生活经验的老人向青年一代进行教育的地方。在夏代，学校称"序"和"校"。《古今图书集成·学校部》说："夏后氏设东序为大学，西序为小学。序设在国都，校是乡学。乡里有教，夏曰校。"（《史记·儒林传》）中国古代的学校教育一直把对学生进行人伦道德教育作为首要的、根本的任务。孟子在总结古代学校教育的基本功能时指出："设为庠序学校以教之。庠者，养也；校者，教也；序者，射也。夏曰校，殷曰序，周曰庠。学则三代共之。皆所以明人伦也。"（《孟子·滕文公上》）就是说，教学生"明人伦"讲道德，这是古代学校教育的最基本的任务。朱熹对"皆所以明人伦也"专门注释说："父子有亲，君臣有义，夫妇有别，长幼有序，朋友有信。此人之大伦也。庠序学校，皆所以明此而已。"（《孟子集注》)可见,道德教育在我国古代学校教育中占有首要地位。

重视学校的道德教育,教书育人,培养人的高尚品德,这是中国古代学校教育的优良传统。教学的目的,是使人"知道""成德"。《礼记·学记》说:"玉不琢不成器,人不学不知道。"董仲舒说:"君子不学,不成其德。"(《汉书·董仲舒传》)教育的根本任务是"传道、授业、解惑"(《师说》)。教师的职责是培养人的美德,"师也者,教之于事而喻诸德者也"(《礼记·文王世子》)。在中国历代思想家、教育家看来,道德教育与其他教育比较,占有首要的地位。近代大学者王国维指出:"有知识而无道德,则无以得一生之福祉,而保社会之安宁,未得为完全之人物也。夫人之生也,为动作也,非为知识也。古今中外之哲人无不以道德为重于知识者,故古今中外之教育无不以道德为中心点。"[1]实际上,中国传统的学校教育,历来把德育放在优先于智育、体育的位置。康有为说:"蒙养之始,以德育为先。"(《大同书》)著名教育家蔡元培先生进一步深刻地指出:"德育实为完全人格之本。若无德,则虽体魄智力发达,适足助其为恶,无益也。"[2]

---

① 王国维:《论教育之宗旨》,见舒新城编:《中国近代教育史资料》(下册),人民教育出版社1961年版,第1009页。
② 蔡元培:《蔡元培教育文选》,人民教育出版社1980年版,第15页。

第二章

中国传统道德思想和道德教育思想的基本特点

中国古代，从春秋战国至明清，在以血缘为纽带的宗法制度构成的社会人际关系，在高度分散的自然经济和高度集中的政治专制统治这样特定的社会历史条件下，伦理道德思想逐步形成了自己的特点，对中华民族的道德心理产生了深刻的影响。中国的传统道德思想从形成较明确和系统的观念起，直接付诸社会及学校的道德教育实践。中国的传统道德教育在漫长的岁月中，同样形成了自己的特点。

一　中国传统道德思想的基本特点

中国传统道德思想的特点是与西方传统道德思想比较而言的。在我国学术界，对于中国传统道德的特点尚有不同的见解。由于中国传统道德思想内容宏富、流派纷呈，同一学派在不同的历史时期，观点也有差异，要在总体上加以评价与概括并非易事。中国传统道德思想特点，应当反映和揭示中国道德思想中占主导地位的东西。

我们认为，中国传统道德思想的基本特点，包括以下五个方面：

1. 在道德价值的最终目标上，追求"天人合一"，人与自然和谐交融的境界

中国哲学从一开始即面向"人"，关注人的命运与处境，把伦理

道德作为哲学思考的重点,并把道德观与世界观、认识论交织在一起,确立"人道"与"天道"合一的宇宙伦理模式。

中国传统道德思想有一个明显的倾向:其中一方面是肯定人在自然天地中的重要地位。儒家的《周易大传》以天、地、人为"三才";道家的《道德经》以道、天、地、人为"四大"。不论是"三才"还是"四大",都把"人"看作是与天地自然并存共荣的重要实体。不仅如此,人还是"天地之心",万物的灵长,宇宙的精华。《礼记·礼运》说:"人者,天地之心也,五行之端也,食味、别声、被色而生者也。"董仲舒也说:"天地人,万物之本也。天生之,地养之,人成之。天生之以孝悌,地养之以衣食,人成之以礼乐。"(《春秋繁露·立元神》)张载则进一步认为,天地本来无心,没有知觉,是人"为天地立心",天地万物通过人来认识自己。这些观点尽管有所不同,但都肯定人在宇宙万物中的重要意义。

另一方面,肯定人与自然天地存在的不可分割的统一关系,即"天人合一""天人合德"。董仲舒说:"以类合之,天人一也。"(《春秋繁露·阴阳义》)还说:"天人之际,合而为一。"(《春秋繁露·深察名号》)中国古代思想家从认识"人"与"天"之间不可分离的依存关系开始,逐步认识"天人合德",发现"人道"与"天道",即人的道德与自然规律之间存在的某种不可分割的内在联系。《周易大传》说:"夫大人者,与天地合德,与日月合明,与四时合序。"张载则进一步提出"儒者则因明致诚,因诚致明,故天人合一"(《正蒙·乾称》)。

"天人合一""天地合德"是中国先哲在对人的生存方式深入思考的基础上提出的极其重要的伦理道德思想,也是中国传统道德思想追求的最终价值目标。中国传统道德与西方不同。西方传统文化在人与自然的关系上，强调战胜自然，驾驭自然。中国传统道德则崇尚"天人合一"，人与自然环境和谐交融、亲密友善的境界，认为人不仅要爱人，协调人与人的关系，而且要爱万物，"仁者以天地万物为一体"（《二程集·河南程氏遗书》卷二上），追求人与自然关系的和谐一致。张载说："乾称父，坤称母；予兹藐焉，乃混然中处。故天地之塞，吾其体；天地之帅，吾其性。民，吾同胞；物，吾与也。"（《西铭》）这种"天人合一""天地合德"的超然豁达、无限宽广的道德境界，始终是中国传统道德的至上价值目标，它不仅对塑造中国人的许多仁爱忠恕美德具有重要的意义，而且对构造中国人明白、达观的人生观念有着重要的作用。

2. 在道德价值的应用上，重视道德思想与政治思想的融合

在中国历史上，道德思想与政治思想、政治制度的关系极为密切，结下了不解之缘。一方面作为统治者的政治家，不论是早先的奴隶主贵族，还是后来的封建君主，他们最关心的是维护自己的统治地位。人与人的关系、社会的秩序，成为自己优先考虑的问题。他们较早地看到了"德治"的重要作用，把有益于自身统治利益的道德规范向民众进行普遍"教化"，规范人的思想与行为，看作是巩固自己政治统治的重要手段。另一方面，作为思想者的哲学家，在政治权力高度集中的大一统社会中，较早意识到合理的道德观念对于改善统治阶级的政治统治的积极意义。因而，历代进步的思想家、哲学家总是积极提出符合时代进步要求的道德思想，或者直接向最高统治者"进言""进谏"，希望统治者在治理国家中实行合乎道德要求的"仁政"，或者通过宣传、教育活动，培养具有新道德观念的政治人才，使道德思想成为政治思想和政治制度的基础，在全社会的广泛范围内，借助于政治制度，实现道德思想的自身

价值。

道德思想与政治思想密切融合，是中国传统道德思想的一大特点。实行两者的结合，历史悠久。周公在总结夏、商兴亡的历史教训时指出："惟不敬厥德，乃早坠厥命。"（《尚书·召诰》）可见当时的最高统治者已认识到"敬德"的重要性。是否敬德，不仅是个道德问题，而且是关系到政权兴衰的政治问题。孔子要求统治者"为政以德"，孟子主张统治者以"不忍人之心"为"不忍人之政"。儒家历来强调"正心、修身、齐家、治国、平天下"。这些都说明在我国古代政治思想与道德思想融为一体。统治阶级为了维护自己的统治，常常把有利于自己利益的道德规范，借用国家强力，使之具有政治与法律的权威。如汉代统治者把经由董仲舒归纳、推崇的"三纲五常"，作为"治国之要"，伦理道德规范直接成为政治统治的工具。中国古代这种道德思想与政治思想融为一体的特点，使传统道德思想在社会实践中获得了超乎寻常的生命力。封建道德为维护封建社会的政治统治起到了其他任何力量不可取代的巨大作用。

中国封建社会之所以在历史上延绵这么漫长的年代，与中国传统道德思想与政治思想融合的重要的民族文化心理特点有很大关系。中国的封建统治阶级统治民众，不仅可以运用封建政权的强制力量，实行"刽子手的职能"，镇压反抗，而且可以依靠封建道德，借助社会舆论，人们的内心信念和传统习惯的精神力量，实行"牧师的职能"，驯化人心。

3. 在道德价值的导向上，维护血缘关系和宗法制度，强调个体服从整体

在中国古代社会中，人与人、人与社会关系中的以宗族为核心

的血缘关系、宗法制度极其稳定和牢固。在这一特定社会结构中形成的传统道德观念在价值导向上,不是个人主义或利己主义的,而是重视个体和整体利益的融合,重视个人对家庭、宗族和国家的道德责任,强调个体利益服从家庭、宗族和国家利益,遵循整体主义的利益原则。在这一道德价值原则的指导下,个人没有独立的利益,甚至也没有独立的人格。子从父、弟从兄、妻从夫,家庭从宗族,宗族从国家,封建君主则"以一人之大私,以为天下之大公"。封建君主才是最高利益的体现者,臣民的最大美德是服从、听顺。

中国古代的重要思想家为了维护现存的血缘关系、宗法制度和君主专制,总是倡导一种个体服从整体的道德价值观。孔子以"仁"为核心的道德思想,视孝悌为仁义之本,从体现血亲之爱的"亲亲",推及"尊尊",由"孝亲"而"忠君",要求人们去个人之"私",为家庭、宗族、国家之"公"积极履行自己的各种道德责任和义务。这样,孔子的"仁",既"亲亲有术",又"尊贤有等",借助血缘关系和宗法制度,要求人们个体服从整体。孟子则进一步提出"父子有亲,君臣有义,夫妇有别,长幼有序,朋友有信",作为协调封建人际关系的"五伦",把维护血缘关系和宗法制度与维护封建君主的利益统一起来。法家尽管在表面上重法轻德,但在一定程度上也重视利用维护血缘关系和宗法制度来维护整个封建统治者的根本利益。管子说:"义有七体。七体者何?曰:孝悌慈惠,以养亲戚;恭敬忠信,以事君上;中正比宜,以行礼节。"(《管子·五辅》)韩非子则说:"义者君臣上下之事,父子贵贱之差也,知交朋友之接也,亲疏内外之分也。"(《韩非子·解老》)他把臣事君、子事父、妻事夫看作是天下之常道,认为三者顺则天下治,三者逆则天下乱。在中国封建社会,绝大多数的哲学家、思想家都把个人利益服从整体利益看成是仁义道德之本。在中国古代特定的宗法制和君主专制的统治下,个人利益与群体利益(包括家庭利益、宗族利益、国家利益)的关系,既依附,又对立。个人没有独立自主的经济利益,更不允许把个人利益放在宗族和国家利益之上,从而形成了个人利益必须绝对服从整体利益的道德要求。

中国传统道德思想这种强调个体服从整体的基本价值导向,在实践上具有两重性。一方面,它强调整体利益高于个人利益,有利于维护家庭内部的人际关系的有序和整个社会人际关系的稳定,在一定程度上有利于人们之间关系的改善,对于我们中华民族在历史上的繁荣进步起到了促进作用。另一方面,它在仁义道德与整体利益的名义下,否认人们正当的个人权力和利益,使广大人民群众丧失了个人的人格独立、自由与尊严,压制了人民群众的革命精神和生命创造活力,成为欺骗和麻醉人民群众的工具。正如陈独秀在批判中国封建道德时指出的:"君为臣纲,则民于君为附属品而无独立自主之人格矣;父为子纲,则子于父为附属品而无独立自主之人格矣;夫为妻纲,则妻于夫为附属品而无独立自主之人格矣;率天下之男女,为臣、为子、为妻而不见有一独立自主之人者,三纲之说为之也。缘此而生金科玉律之道德名词,曰忠、曰孝、曰节,皆非推己及人之主人道德,而为以己属人之奴隶道德也。"(《新青年》第一卷第五号)这样的分析、揭露是非常深刻的。

4. 在道德价值的分寸把握上,具有中庸居间的性质

中国传统道德思想在道德价值的分寸把握上,非常重视道德行为、道德规范和道德品质上的"中庸"与"居间"的性质,认为道德的善,在于两种互相对立的行动和品质的"中庸""不偏不倚"。相

传在远古时代,尧传位给舜,舜传位给禹时,都授以"允执其中"之语(《论语·尧曰》)。西周初箕子向武王进言,要求统治者以行为的居间不偏为美德。他说:"无偏无陂,遵王之义;无有作好,遵王之道;无有作恶,遵王之路。无偏无党,王道荡荡;无党无偏,王道平平;无反无侧,王道正直。"(《尚书·洪范》)以孔子为代表的儒家,更是大力提倡"中庸之道"。孔子说:"中庸之为德也,其至矣乎!民鲜久矣!"(《论语·雍也》)后来的儒家继承孔子的中庸思想,专门编写《中庸》一书。《中庸》说:"不偏之谓中,不易之谓庸。中者天下之正道,庸者天下之定理。"《中庸》作为"四书"之一,积极宣传中庸之道,影响很大。中国传统道德中的中庸思想,还明显地体现在具体的道德规范和道德品质中。所传皋陶的"九德",即所谓"宽而栗,柔而立,愿而恭,乱而敬,扰而毅,直而温,简而廉,刚而塞,强而义"(《尚书·皋陶谟》),就有很强的中庸色彩。孔子更是积极倡导"中道""中行"及许多具体的中庸的品质。

应当看到,中国传统道德思想中的中庸,既是一种方法论,又是一种道德境界。它要通过折中调和的方法,达到一种平衡与稳定,实现最合理的状态。它多少认识到,道德实践中的矛盾双方互相对立,又互相依存。道德的"善",是一种"度"的分寸把握。凡是合理的道德行为和品质,都要保持在一定的范围内,要适当,恰到好处,不能偏向一面,走极端。这在道德认识上,反映了一定的辩证法思想。但是,中庸思想同时也具有某种回避矛盾,否认一切斗争的形而上学倾向,凡遇事一味讲"君子中庸,小人反中庸"(《中庸》),不利于人类的道德在矛盾的不断产生又不断解决中取得进步。中国传统道德在道德价值分寸把握上的中庸性质,对中华民族道德心理定式的形成,产生了重要的影响。

5. 在道德价值的取向上,具有"重义轻利""贵义贱利"的倾向

"义利之辨"是中国道德思想史上争论的一个重要问题。义利问题,包含着道德与利益、个人利益与国家、民族整体利益等多方面的内容。尽管各个时期的各个学派的义利观有所变化,但"重义轻利""贵义贱利"成为中国传统道德价值取向的主要倾向。

从历史上看,关于"义利之辨",主要有三种观点:一是"义利统一"论。《易·乾·文言》说:"利者,义之和也。"认为义和利是统一的,一定的道德行为会给人带来利益。墨子既"贵义",又"尚利"。他说:"有义则生,无义则死;有义则富,无义则贫。"(《墨子·天志上》)认为只有合乎义的行为才能给人带来得益。不义,也就是对人不利。他说:"义,利也。"叶适认为道义不能脱离功利。他说:"既无功利,则道义乃无用之虚语耳。"(《习学记言》卷二十三)颜元也提出过"正其谊(义)以谋其利,明其道而计其功。"(《四书正误》)二是"利重义轻"论。这主要以法家为代表。如韩非子注重功利,认为人与人之间首先是利害关系,有利才行义。他说:"正直之道可以得利,则臣尽力以事主",故"善为主者,明赏设利以劝之,使民以功赏而不以仁义赐"(《韩非子·奸劫弑君》)。三是"重义轻利"论。这主要是以儒家为代表。孔子认为"君子喻于义,小人喻于利"(《论语·里仁》)。把义与利对立起来,认为"不义而富且贵"为君子所不耻,要求人们"见利思义","义然后取"。孟子继承了孔子"重义轻利"的思想,认为"王何必曰利?亦有仁义而已矣"(《孟子·梁惠王上》)。董仲舒主张"正其谊(义)不谋其利,明其道不计其功"(《汉书·董仲舒传》)。朱熹也说:"仁义根于人心之固有,天理之公也;利心生于物我之相形,人欲之私也。循天理,则不求利而自无不利;殉人欲,则利未得而害已随之。"(《四书章句集注》)从

孔子到朱熹,尽管他们并非绝对排斥利,但在根本道德价值取向上,客观上呈现出明显的"重义轻利""贵义贱利"的倾向。

应当说,上述三种义利论在中国道德思想史上都有各自的影响。但纵观历史,"重义轻利"的倾向占主导地位,并形成中国传统道德思想的一个基本特点。由于"义"不仅是指"道义",而且常常在封建社会中代表宗教、国家、民族的整体利益,因而"重义轻利"的价值取向同样具有双重的意义。一方面,"重义轻利"的道德价值观,往往在社会实践中易于走向"存义去利""存理灭欲"的极端,否认人民群众的现实利益需要,阻碍了人们生产劳动的积极性,只有利于维护极少数统治者的私利;另一方面,"重义轻利"的道德价值观,在一定程度上有利于节制人的利欲,摆脱一人一己之私利,珍视道德、理想、人格的重要价值,运用道德手段协调个人与他人,个人与社会的利益关系。

中国传统道德思想上述五个方面的特点,既显示了中华民族世代相传的道德观念的固有优点,也反映了其中包含的缺点和偏向,需要我们在走向现代化的历史进程中,从社会的整体文明进步的需要出发进行批判地取舍。

二 中国传统道德教育思想的基本特点

如前所述,中国传统道德教育的宗旨是塑造"至善"的道德人格,培养具有理想品德的"君子"。中国传统道德教育思想具有中国传统哲学思维方式所规定的基本特点。张岱年先生指出:"中国哲人探求真理,目的乃在于生活之迁善,而务要表见之于生活中。"就方法论上说,"中国哲学只重生活上的实证,或内心之神秘的冥证,而不注重逻辑的论证。体验久久,忽有所悟,以前许多疑难涣然消释,日常的经验乃得到贯通,如此即是有所得"①。中国的"教化""德教"是为了"生活之迁善",目标是现实的,而不是玄虚的;方法是注重实证的,而不是注重逻辑分析的;途径是偏重于启迪内心的了悟而达到行为自觉的,而不是偏重于由外在实践体认而达到思想领悟的。《中庸》说:"故君子尊德性而道问学,致广大而尽精微,极高明而道中庸。温故而知新,敦厚以崇礼。"这是中国传统道德教育的基本原则。所谓"尊德性而道问学",是要求人们为了趋善的目的而尊崇道德理性,学习前人有益的道德经验,使理性与经验统一。所谓"极高明而道中庸",是要求人们通过道德教育尽力认识宏深的为人之道,并在行为上表现出中庸适度的美德,遵守社会的仁义道德,使知善与行善统一。

我们认为,中国传统道德教育思想的基本特点表现在以下三个方面:

1. "德教"与"修身"合一

中国古代的教育以"德教"为主。许多思想家、教育家认为,"德教"的关键在于启发人们内心的"了悟""自觉"与"修养","德教"目的的实现,必须通过个人的道德修养。坚持"德教"与"修身"合一,这是中国传统道德教育思想的一大特点。

"德教"是外在道德观念、道德规范对人的教育、熏陶与影响,而"修身"是重视主体内在的道德理性自觉,进行自我品行的陶冶。把"德教"与"修身"过程结合起来,突出了道德认识和道德行为自觉性要求,有益于调动人的主观能动性,使道德教育落到实处。儒

---

① 张岱年:《中国哲学大纲》,中国社会科学出版社1982年版,第7—8页。

家十分重视把"德教"与"修身"统一起来的意义,提出了一套在道德教育中,促进人们"修身""养性"的方法。孔子倡导"修己以敬""修己以安人""修己以安百姓"(《论语·宪问》)。孟子提倡"养性",扩充内心的"善端"。《大学》则进一步认为,"齐家、治国、平天下"的根本在于修身。"自天子以至于庶人,壹是皆以修身为本。"而"修身"之道,又在于正心、诚意,"欲修其身者,先正其心;欲正其心者,先诚其意"。所谓"正心",即调节自己的道德情感,好善恶恶,端正认识。所谓"诚意",即在主观意志中趋善避恶,对仁义道德真诚信服,在任何情况下都坚持贯彻自己的善良意志。正心、诚意是"修身"的重要方法。坚持"德教"与"修身"的统一,是儒家道德教育论的一贯主张。道家尽管对道德与道德教育有与儒家不同的观点,但也强调把人们道德水平的提高与"修德"一致起来。老子说:"修之于身,其德乃真;修之于家,其德乃余;修之于乡,其德乃长;修之于国,其德乃丰;修之于天下,其德乃普。"(《道德经》五十四章)把修身的过程,看作是一个道德提高与普及的过程,这是很有见地的。如果把"德教"与"修身"割裂开来,道德只是口号、教条,不能改善人的道德观念和行为品德,"德教"是虚浮的。中国传统道德教育强调"德教"与"修身"合一,是一种面向道德生活实际的优良传统。

2. "知道"与"躬行"合一

"知道"是指道德认识,"躬行"是指道德实践。强调道德认识与道德实践的统一,道德意识与道德行为的一致,"知道"与"躬行"合一,是中国传统道德教育思想的另一个明显特点。

在中国古代,"知"与"行"的问题,主要是一个道德伦理问题。汤一介先生认为:"知行合一"要求解决人与人之间的关系,也就是关于人类社会的道德标准和原则问题,或者说是人对于社会的责任问题。① 中国古代哲学家、教育家大多认为,"知"与"行"必须统一,否则根本谈不到"善"。"知道"与"躬行"合一,不仅是我国传统道德教育的基本原则,而且是道德教育所追求的一种境界。

孔子认为,道德教育增进人的道德认识见之于道德行为实践的自觉性。只说不做,言行脱节,知而不行,只是道德虚伪,毫无实际的道德价值可言。孔子说:"君子耻其言而过其行"(《论语·宪问》),"君子欲讷于言而敏于行"(《论语·里仁》);还说:"古者言之不出,耻躬之不逮也。"(论语·里仁)荀子认为道德教育是要人们学习仁义道德,心中明理,表现行动。他说:"君子之学也,入乎耳,著于心,布乎四体,形乎动静。"(《荀子·劝学》)朱熹认为,道德上的"知"与"行"互相依赖,互相促进。他说:"知行常相须,如目无足不行,足无目不见。"(《朱子语类》卷九)王守仁更是强调"知行合一"的重要性。他说:"真知即所以为行,不行不足谓之知。"他认为,道德上的知与行是"合一并进"的关系。"知是行的主意,行是知的功夫;知是行之始,行是知之成。"(《传习录》上)虽然从道德认识的角度看,中国古代有些哲学家、教育家有以行代知、销行于知的缺陷,但是,中国传统道德教育强调"知道"与"躬行"的合一,重视道德认知与道德实践的统一,有益于激发一种道德真诚精神,有利于人们道德生活的改善。

3."言教"与"身教"合一

"言教"是指通过言语、说教的方式来对人们进行道德规范、道德是非的教育;"身教"是国家的统治者、学校的教师身体力行,用

① 参见汤一介:《论中国传统哲学中的真、善、美问题》,见《中国哲学范畴集》,人民出版社1984年版,第21页。

自己高尚的道德行为教育民众、教育学生。强调"言教"与"身教"的统一,是中国传统道德教育思想的又一个重要特点。

中国人在道德生活中向来有"听其言,观其行,察其德,然后信其道"的心理特点。中国许多哲学家、教育家历来重视统治者、教师以自己的言传身教来教育人。孔子倡导教师不仅要言道德,更重要的是行道德。他说:"我欲载之空言,不如见之于行事之深切著明也。"(《史记·孔子世家》)他特别强调,不论是统治者对民众的"教化",还是教师对学生的"德教",都应当身教重于言教,以身作则,为人师表,以自己的模范行动作为民众、学生的表率。他说:"不能正其身,如正人何?"(《论语·子路》)墨子也强调,教师只有"得一善言,附于其身",躬身实践,表里如一,"使言行之合,犹合符节"(《墨子·兼爱下》),才能使学生心悦诚服,亲其师,信其道。

中国传统道德教育思想注重"言教"与"身教"合一,这是中国古代哲学家、教育家重要的道德教育智慧之一,在道德教育实践中有明显的合理性。乌申斯基说过:"教师的个人范例,对于青年人的心灵,是任何东西都不可能取代的最有用的阳光。"①从学校道德教育来说,教师只有以自己的高尚道德言行来熏染学生,在自己的行动中活生生地体现自己所宣传的道德品行,学生才会信服,才会效仿,才会激发学生对真、善、美的追求。"言教"与"身教"合一,是我国传统道德教育经验中一份值得珍视的遗产。

---

① 引自杰普莉茨卡娅:《教育史讲义》,华东师范大学教育系教育史教研组翻译室译,华东师范大学出版社1958年版,第375页。

第三章

"天人合一"：中国传统生态道德智慧

"天人之际"即人与自然的关系问题,是中国传统哲学的主要问题之一。不论是儒家还是道家,都以自己的思维方式推崇"天人合一"的思想。"天人合一"既是一种宇宙观或世界观,又是一种伦理道德观。进入 20 世纪以来,特别是近几十年以来,由于人类面临日益严峻的生态危机,各国思想家、科学家在对"天人之际"进行的哲学反思中,有一个明显的思想转变是向"东方生态智慧"回归。其中,中国传统的"天人合一"思想作为一种具有独到的深刻思想内涵的哲学命题,具有的现代生态道德价值,即对于维护现代人类所处的整个生态系统的平衡,协调人与自然的关系所具有的现实道德意义,正越来越受到人们的重视。

　　与中国传统的"天人合一"思想不同,近代西方人在天人关系上占主导地位的是天人对立的二元论,片面强调人类去征服自然,战胜自然,做自然的"主人",忽视了人与自然的和谐一致,导致了对自然资源的大量盲目开采和生态环境的严重破坏。面对威胁人类生存的"生态危机",一些明智的西方生态哲学家、伦理学家在积极倡导人类共同保护生态环境的同时,深入探讨生态危机的文化和历史根源。美国著名历史学家、生态哲学家林恩·怀特在《我们的生态危机之历史根源》一文中指出,西方的生态危机根源于西方人的犹太教——基督教的观念,即认为人类应该"统治"自然。由于西方人把自然界视为供人类开发的资源,已经使地球遭受了大浩劫,并正在带来严重的恶果。他提出:"我们对生态环境的所作所为取决于我们对'人—自然'关系的认识。更多的科学和技术将无法使我们摆脱现在所面临的环境危机,除非我们能找到一种新的信仰。"他认为,具有深厚历史渊源的中国文化中关于"人—自然"互相协调的观念,值得全体西方人借鉴。① 现代生态伦理学的创始人之一,法国著名哲学家施韦兹(又译史怀泽)在对西方人对待人与自然关系的观念进行反思时,对中国老子、孔子、孟子、墨子等思想家追求天人关系的和谐一致,把世界过程归结为追求伦理目标的世界意志,"强调人通过简单的思想建立与世界的精神关系,并在生活中证实与它合一的存在"表示由衷的敬佩与赞赏。他认为,这种哲学以"奇迹般深刻的直觉思维"体现了人类的最高的生态智慧,称赞它"伦理地肯定了世界和人生",是"最丰富和无所不包的哲学"。②

在人与自然关系上,人们从过去一味崇奉近代西方"天人对立"的二元论,转向重新认识中国传统的"天人合一"思想,珍视其中包含的生态伦理价值,这是人类思想进步轨迹中的重要一环。然而,在博大精深的中国传统哲学宝库中,"天人合一"思想究竟有哪些最有意义的基本观念? 从生态伦理学的角度看,它们具有哪些思想价值? 对此,国外的哲学界、生态伦理学界限于文化背景的隔离,缺乏深入的了解,而我国的哲学和伦理学工作者囿于近代形成的某些陈见,尚未展开较深入的理论探讨。虽然张岱年先生近年较早提及"天人合一"思想对于"保持生态平衡"的重要性③,季

---

① Lynn White, "The Historical Roots of our Ecological Grisis", *Science*, Vol. 155, pp.1203—1207 (10 March, 1967).
② 参见史怀泽:《敬畏生命》,上海社会科学院出版社1992年版,第125—127页。
③ 张岱年:《中国哲学中关于"人"与"自然"的学说》,见《人与自然》,北京大学出版社1989年版,第33页。

羡林先生也认为"天人合一就是人与大自然的合一",呼吁人们在生态危机面前重视研究"天人合一"思想,并且断言"只有东方的伦理道德思想,只有东方的哲学思想能够拯救人类",①但至今没有引起学术界的足够重视。

中国传统的"天人合一"思想是迄今为止人类最重要的生态智慧的一部分。它的"合理内核"及其生态道德价值表现在:"天"与"人"合而为一,肯定人是自然界的一部分,高扬宇宙生命统一论;"天道"与"人道"合一,坚持自然规律与道德法则的内在统一;"仁者以天地万物为一体",提倡尊重生命价值,兼爱宇宙万物;"辅相天地之宜",把遵循自然规律,追求人与自然的和谐发展,作为最高的道德旨趣和人生理念。笔者拟从这四个方面进行分析,以期引起学术界的重视和讨论。

一 "天"与"人"合一:宇宙生命统一论

在中国哲学中,多数思想家所谓的"天",主要指自然界或自然的总体,宇宙的最高实体;所谓的"人",则是指人和人类。"天人合一"思想的首要含义是肯定人与自然是一个不可分割的统一体,人来自大自然,是自然界的一部分。中国哲人大多以"天人合一"为诚明境界,人的最高觉悟与智慧。以"天人合一"思想所观照的宇宙万物不是分裂的,而是统一的;不是多元的,而是一元的。天与人和谐,人与物感应,宇宙中的一切生命互相关联。宇宙不是一个互相对立的机械系统,而是一个统贯生命的大生机。诚如方东美

---

① 季羡林:《"天人合一"方能拯救人类》,载《东方》1993 年创刊号,第 6 页。

先生所言:"我们的宇宙是广大悉备的生命领域,我们的环境是浑浩周编的价值园地。"①人与自然交融,普遍生命迁化不已,宇宙与人生同是价值增进的历程。

"天人合一"思想在中华民族的几千年文明史上源远流长,为各种思想流派殊途同归。《周易》以"仰观府察象天地而育群晶,云行雨施效四时以生万物"的生命直观方式,认识到自然法则之不可抗拒,"若用之以顺,则两仪序而百物和,若行之以逆,则六位倾而五行乱"。因此,"王者,动必则天地之道不使一物失其性,行必协阴阳之宜不使一物受其害"(《周易正义·序》)。《周易·乾卦》:"乾,元亨利贞。"是说,天以体性生养万物,得生存而为无始;天能以嘉美之事会合万物,亨通万物;天能利益庶物,使物各得其宜而和同;天能以中正之气成就万物,使物各得坚固贞正。《周易》蕴含的人为天地所生,人的生命和利益离不开自然环境的协调等思想,为我国春秋时期以来的"天人合一"思想的形成和发展提供了基础。《易传》指出:"天地养万物""天地相遇,品物咸章"(《周易·彖传》),"有天地然后有万物,有万物然后有男女"(《周易·序卦传》)。关于人在自然界的位置,《易传》的作者把天、地、人合称为"三才"。天道、地道、人道三者合一,成为自然界不可分离的"三极"(《周易·系辞上传》)。人是自然界的一部分。人的行动不能违背自然规律。人与天地万物融合为一体,和生共荣。

道家创始人老子明确提出了"天"与"人"合一的"万物一体"思想。老子把"道"看作是宇宙的物质本原和自然界的普遍规律。天

---

① 方东美:《中国人生哲学概要》,问学出版社1984年版,第51页。

地万物均由道而生。他说："有物混成,先天地生,寂兮寥兮,独立而不改,周行而不殆,可以为天下母,吾不知其名,字之曰道,强为之名曰大,大曰逝,逝曰远,远曰返。"(《道德经》二十五章)他认为,物质是世界上纷繁多样的现象中存在的统一的普遍本原。天地万物都是由"其中有精"的"道"演化而来。"道"生成万物的过程是:"道生一,一生二,二生三,三生万物。"(《道德经》四十二章)"道"生成万物之后,又作为天地万物存在的根据而蕴含于天地万物之中。老子指出:"故道大,天大,地大,人亦大。域中有四大,而人居其一焉。人法地,地法天,天法道,道法自然。"(《道德经》二十五章)以人为"域中四大"之一,肯定了人是自然界的一部分及其重要意义;以"人法地,地法天,天法道,道法自然",深刻地揭示了人必须服从自然规律的道理。

在老子看来,"道"是由阴阳两极构成的动态整体,自然而然,"无为而无不为"(《道德经》三十七章)。人、社会、自然界只有互相协调,因循"道"的法则,才能达到生态平衡。老子对世界统一性的天才描述,表现了人类早期的生态智慧,对中国以后的思想发展产生了极其深远的影响。庄子直接继承了老子"万物一体"的思想,倡导返朴归真,"与天为一"的人生境界。他说:"天地者,万物之父母也,合则成体,散则成始""夫形全精复,与天为一"(《庄子·达生》)。他还说:"与天地合,其合缗缗"(《庄子·天地》),"天地与我并生,万物与我为一"(《庄子·齐物论》)。

道家哲学中"万物一体"思想所表达的宇宙生命统一论,蕴含着深刻的生态智慧。当代著名生态哲学家卡普拉指出:"在伟大的宗教传统中,道家提供了最深刻和最美妙的生态智慧的表达之一。它强调本原的唯一性和自然与社会现象的能动本性。"①肯定人与自然的物质统一性,是生态道德的认识基础。

与道家以"万物一体"思想表达宇宙生命统一论异曲同工,儒家则是借助"性天同一"思想论证"天人合一"的宇宙生命统一论。孟子较早把人的心性与天联系起来。他认为:"尽其心者,知其性也;知其性,则知天矣。"(《孟子·尽心上》)《中庸》则进一步把"至诚"看作是人、物、天地互相沟通,达到统一内在必由之路。《中庸》说:"唯天下至诚,为能尽其性;能尽其性,则能尽人之性;能尽人之性,则能尽物之性;能尽物之性,则可以赞天地之化育;可以赞天地之化育,则可以与天地参矣。"肯定人负有"赞天地之化育""可以与天地参"的神圣职责,这是儒家"天人合一"思想的积极合理因素之一。

儒家认为人是自然界的产物,"民受天地之中以生"(《左传·成公十三年》)。"故人者,其天地之德,阴阳之交……五行之秀气也。"(《礼记·礼运》)宇宙是统一的,天、地、人合而为一。"天地人,万物之本也。天生之,地养之,人成之。……三者相为手足,合以成体,不可一无也。"(《春秋繁露·立元神》)人在自然界占有重要的地位。"人者,天地之心也,五行之端也。"(《礼记·礼运》)然而,自然界有其普遍规律,人的行动也必须遵循这种规律。孟子说:"君子所过者化,所存者神,上下与天地同流。"(《孟子·尽心上》)朱熹说:"天地以生物为心者,而人物之生,又各得夫天地之心以为心者也。"(《中庸·仁说》)正因为人与天地万物是一个统一的整体,遵循共同的自然规律才能和谐共处,共同生存发展,所以儒家以"天人合一"为最高觉悟。程颢强调"人与天地一物也"。如果

---

① 弗·卡普拉:《转折点——科学、社会、兴起中的新文化》,冯禹、向世陵、黎云译,中国人民大学出版社1989年版,第30页。

不承认"人与天地一物"，就是"自小"，就是麻木不仁。惟有承认天地万物"莫非己也"，才是真正自己认识自己。[①] 朱熹也指出："中和在我，天人无间，而天地之所以位，万物之所以育，其不外是矣。"（《中庸·首章说》）显然，这是把天人合一，人与自然环境和谐统一，看作是自然界的有序发展，生命万物生育贲华的根本所在。陆九渊说："天地之所以为天地，顺此理而无私焉耳。人与天地并立而为三极，安得自私而不顺此理。"（《与朱济道书》）王阳明也明确提出："大人者，以天地万物为一体者也。"（《阳明集要·大学问》）

对于儒家"天人合一"的宇宙生命统一论思想，张载在《西铭》中有极其形象而深刻的比喻和表述。他说："乾称父。坤称母，予兹藐焉，乃混然中处。故天地之塞，吾其体；天地之帅，吾其性。民，吾同胞；物，吾与也。"就是说，人是天地之气氤氲变化而产生的，天地犹如人的父母。充塞于天地之际的气，是宇宙万物的统一体，它构成了天地的实体，也构成了我的身体；统率天地变化的是天地的自然本性，它也是我的本性。民众百姓都是我的同胞兄弟，宇宙万物都是我的亲密朋友，人与天地万物有统一而不可分割的密切联系。

由此可见，中国"天人合一"思想明确肯定人是自然界的产物，是其一部分，人的生命与万物的生命是统一的，而不是对立的，人与天地万物和谐交融，"并育而不相害"，是保证宇宙生命存在和发展的基本前提。

中国"天人合一"思想所强调的"天"与"人"合一，宇宙生命统一论，根本不是原始社会中，人还没有自我意识，没有把人与外在

---

① 参见张岱年：《文化与哲学》，教育科学出版社1988年版，第149页。

世界分别开来的"原始思维方式"，而是在中国古代文明早已发展的时期提出来的，是在肯定天人区别，"天之能，人固不能也；人之能，天亦有所不能也"（《刘梦得集·天论上》）的基础上再肯定天人的统一，是一种更高一级的思维方式，一种深邃独特的生命直观精神。

"天人合一"思想包含的宇宙生命统一论，是人类科学地认识人与自然关系的基本理论前提。现代环境问题的产生和科学技术的发展，使人们重新认识到"天人合一"思想的现代生态道德价值。巴巴拉·沃德和雷内·杜博斯在为联合国斯德哥尔摩人类环境会议撰写的重要文献《只有一个地球》中写道："近四五十年来，人们对自然界的深入了解，科学地证实和增强了古代人们的道德观念。哲学家曾告诉我们：我们是一个整体的一部分，这个整体超越于我们局部欲望和要求；一切生物都像交错的蛛网一样互相依赖着；侵略和暴力会盲目地破坏生存的脆弱关系，从而引起毁灭和死亡。这些论点，也可以说是从人类社会和人类活动中得出的直觉知识。现在我们知道，这些知识都是宇宙实际情况的如实写照。"[①]中国传统的"天人合一"思想正是这样的道德观念和直觉知识。

"天人合一"思想包含的宇宙生命统一论的意义，已被现代科学技术发现所认识到。人类在 20 世纪中对宇宙的统一性、连续性和互相依赖性有了前所未有的新认识。科学家们深入研究了物质结构与能量的实质，从而为我们提供了物质世界和生命世界统一的图像。整个宇宙是一个单一的统一体系，人与自然界万物都是宇宙中物质世界的组成部分。由生命系统和环境系统构成的生态系统是有机的自然整体。"生物圈"是地球最大的生态系统。在这

---

① 沃德、杜博斯主编：《只有一个地球：对一个小小行星的关怀和维护》，国外公害资料编译组译，石油工业出版社 1981 年版，第 55—56 页。

个生物圈中,人与其他生物之间、生物与环境之间,进行着物质、能量、信息交换,自然物质进行着生物化学循环,从而形成生物圈的物质运动和动态平衡。人的生命是顽强的,也是脆弱的。生物界的动态平衡是通过很脆弱的相互牵制和平衡来保持的。"地球的环境,只有在某些特定条件下才能使生命得以发生、持续和进化。"①只有使地球的生态系统保持完整,才能使人与万物的生命具有强大的活力,并维持亿万年。巴巴拉·沃德和雷内·杜博斯指出:"在人类的任何一个历程中,我们都属于一个单一的体系,这个体系靠单一的能量提供生命的活动。这个体系在各种变化的形式中表现出根本的统一性,人类的生存有赖于整个体系的平衡和健全。"②因此,我们应当珍视"天人合一"的生态道德智慧,以宇宙生命统一论作为我们审视和处理人与自然关系道德伦理价值的起点。

二 "天道"与"人道"合一:自然规律与道德法则的内在统一

"天人合一"思想的另一个基本含义是"天道"与"人道"合一。"天道"一般指自然界运动变化的普遍规律,"人道"一般指人类行为的客观规律和人应当遵守的道德规范。中国古代哲学家大多认为:"天道"是宇宙万物的根本规律,"天道"与"人道"合一,而以"天道"为本;"天道"是人道的根据,从"天道"引出"人道"。即自然规律与人类的道德法则具有内在统一性,遵循自然规律的根本要求,

---

① 沃德、杜博斯主编:《只有一个地球:对一个小小行星的关怀和维护》,国外公害资料编译组译,石油工业出版社1981年版,第44页。
② 同上,第275页。

是确立道德法则,评价人的行为的是非、善恶的基础。"天道"与"人道"合一,肯定自然规律与道德法则的内在统一,反映了极其深邃的生态道德思想,具有十分重要的道德认识价值。

儒家认为"性"与"天"相通,"人"与"天"是人的道德生活的基本原则,"德合天地,智周万物"是人的道德生活的最高境界。孔子说:"惟天为大,惟尧则之。"(《孟子·滕文公上》)孟子说:"圣人之于大道。"(《孟子·尽天下》)他们都认为:自然法则具有至高无上的地位,圣人的行为以自然法则为准绳。《易传》以"元亨利贞"表示"天道"与"人道"统一,表示自然界"生养万物""通畅万物""利益庶物""成就万物"的发展规律,表示人类社会"施生""嘉美""和同""中正"等善德的自然根据,把自然界的普遍规律与人类社会的道德规范联系起来。《易传》的作者认为,《周易》所揭示的是天地万物运行的根本规律。"《易》与天地准,故能弥纶天地之道。"(《周易·系辞上传》)"一阴一阳之谓道。继之者善也,成之者性也。"(《周易·系辞上传》)自然界的发展变化的规律"道",是"善之大者",人类只有认识善,修养成性,才是道德的要义。《易传》的作者还指出:"易简,而天下之理得矣;天下之理得,而成位其中也。"(《周易·系辞上传》)意思是说,人们明白了乾坤的平易和简约,天下的道理就都懂得了;懂得天下的道理,就能遵循天地规律而居处适中的地位,行为合宜。显然,在《易传》的作者看来,"人道"与"天道"即道德准则和自然规律是同一。"人道"的合理性在于依据"天道"的根本要求行事。"汤武革命,顺乎天而应乎人。"(《周易·象传》)反映了自然规律的客观要求,是人类社会变革成功的前提。

在儒家哲学中,张载进一步发展了"天道"与"人道"合一的思想。他认为:"儒者则因明致诚,因诚致明,故天人合一。"(《正蒙·

乾称》)诚明就是"天道"与"人性"的同一。"性与天道合一存乎诚。"(《正蒙·诚明》)人的道德与天道的根本法则是一致的,只是表现的形式有变化。"性与天道云者,易而已矣。"(《正蒙·太和》)他认为:人是天地所生,因而人能认识天。人对天的认识,既是人对自我的认识,又是天的自我认识。人的道德的合理性,在于认识"天道",按天地自然的基本规律行事。程颐认为:"天道"与"人道"是同一个道。"天道"是自然的普遍规律,"人道"是人生的最高准则,两者具有同一性。他说:"道一也,岂人道自是人道,天道自是天道?"(《程氏遗书》卷十八)程颐解释《周易》乾、元、亨、利、贞,把元、亨、利、贞这个反映自然界发生发展的规律"四德",与人类社会的"五常之仁"联系起来。朱熹继承并发展程颐的思想,把"天道"的生长遂成与"人道"的仁、义、礼、智直接统一起来。朱熹说:"元者生物之始,天地之德莫先于此,故于时为春,于人则为仁,而众善之长也。亨者生物之通,物至于此莫不嘉美,故于时为夏,于人则为礼,而众美之会也。利者生物之遂,物各得宜,不相妨害,故于时为秋,于人则为义,而得其分之和。贞者生物之成,实理具备,随在各足,故于时为冬,于人则为智,而为众事之干,干木之身而枝叶所依以立者也。"(《周易本义》)朱熹"天人合一"思想的一个明显特点,是从"天道"引申出"人道",把"人道"合于"天道",即道德法则合乎自然规律,看作是道德合理性的最终标准。

王夫之继承儒家"天道"与"人道"合一的传统,认为"天"与"人"在"道"上有"继"的关系,"人道"与"天道"存在有机的内在联系。"天与人异形离质,而所继者惟道也。"(《尚书引义》卷一)他认为"圣人尽人道而合天德,合天德者健以存生之理,尽人道者动以顺生之几"(《周易外传》卷二)是人的行动的最高准则。戴震则进一步指出："明乎天地之顺者可与语道,察乎天地之常者可以语善,通乎天地之德可与语性。"他还说："天地之德可以一言尽也,仁而已矣!人之心其亦可一言尽也,仁而已矣。"(《原善》上)这些都是对儒家"天道"与"人道"合一思想的生动表述。道家的"天道"与"人道"合一思想,建立在天、地、人受自然界的根本规律"道"的支配这一观念基础之上。老子说："人法地,地法天,天法道,道法自然。"(《道德经》二十五章)"道"是自然地、自发地产生并运动的。"道常无为而无不为。侯王若能守之,万物将自化。"(《道德经》三十七章)老子认为:"自然""无为"既是自然界的根本规律,又是人类生活的最高道德准则,两者是统一的。他说:"生之畜之,生而不有,为而不恃,长而不宰,是谓玄德。"(《道德经》十章)就是说,生养万物让它们繁殖而不占为己有,使万物成长而不自恃有功,为万物之长却不主宰万物,这既是"道"的本性,也是人的最高品德。老子说:"天之道,不争而善胜。"(《道德经》七十三章)"圣人之道,为而不争。"(《道德经》八十一章)老子的"无为""不争",是强调人应绝对服从自然法则,如李约瑟所言,是"杜绝不自然之举",与自然规律"道"协调一致,采取与周围的环境协调的行动。只有敬重自然规律,放弃人在自然规律面前的"妄为",才能做到"无为而无不为"。老子以自然规律的"无为"本性,作为人的"无为"美德的根据。他号召人们效法自然,认识"万物莫不尊道而贵德"(《道德经》五十一章)的真谛。他要求人们不要锢蔽自私,以小失大。"自见者不明,自是者不彰,自伐者无功,自矜者不长"(《道德经》二十四章)。他教人法天之无不覆帱,法地之无不运载,法道之无不生成,去私以息争,退身以存公,达到"道者同于道,德者同于德"(《道德经》二十三章),即以自然界的道与德作为人类的道与德"复归于朴"的最高境界。

墨家同样认为,"人道"本于"天道",人类社会的行为活动应"以天为法",即以顺应自然规律作为衡量人的行为是非善恶的基本法度。墨子说:"动作有为,必度于天。天之所欲则为之,无所不欲则止。"(《墨子·天志》)

由此可见,儒家的"与天地合其德",道家的"道法自然",墨家的"以天为法",都是强调"天道"与"人道"合一,肯定自然规律与道德法则的内在统一,把人类社会的道德规范建立在与自然规律协调一致的基础之上。中国"天人合一"思想包含的这一深刻而重要的生态道德观念,值得我们在审视当今世界人与自然关系的道德问题时认真思考。

长期以来,哲学界、伦理学界流行着这样的看法:自然规律与人类的道德之间存在着明显的区别和界限,前者属于客观的、"自在"的自然科学领域,反映自然界的客观规律;后者属于人类的"自为"的社会伦理领域,反映了人与人之间约定俗成的法则,两者之间不存在直接的、必然的内在联系和价值一致。正是这种蔑视与自然规律协调一致的浅近伦理观念,导致了人类在处理人与自然关系上的盲目自大与狂妄,造成了近现代以来人与自然环境的冲突与全球性的生态危机。人类在实践的教训面前,不得不重新深入探讨自然规律与道德法则之间的关系,重新认识中国"天道"与"人道"合一思想的生态道德价值。

自然规律与人类社会的道德法则是否存在同一性?这是关于自然界与人的精神是否统一的深刻哲学问题。辩证唯物论和历史唯物论认为,人类和自然界、自然界和精神,具有统一性。恩格斯在《自然辩证法》中多次讲到"自然界和精神的统一"。他说:"我们一天天地学会更加正确地理解自然规律……人们愈会重新地不仅感觉到,而且也认识到自身和自然界的一致,而那种把精神和物质、人类和自然、灵魂和肉体对立起来的荒谬的、反自然的观点,也就愈不可能存在了。"①中国"天人合一"思想所包含的"天道"与"人道"合一,其最基本的含义就是肯定"自然界和精神的统一",自然规律与道德法则的统一。中国古代哲学家在几千年前提出的把人类道德法则建立在与自然规律协调一致的基础之上的观点,正逐渐成为当今生态道德学家的共识。美国著名生态道德学家罗尔斯顿指出,生态道德是在人类辨识生态系统的机能整体特征,发现其内在固有的道德义务的基础上产生的。"生态道德是与生态规律的指示相一致的""尽管人类可以建构价值准则,但是所确定的价值准则必须符合生态系统的规律,并在调节人与自然的关系中发挥价值调节的作用"。②

当代生态科学的发展和生态伦理学的兴起,使我们能重新审视自然规律与人类道德准则之间的关系,重新认识"天道"与"人道"合一思想的合理内涵。人与自然的发展史告诉我们,尊重"天道",服从自然规律,保持生态系统的平衡,就是呵护人类自身。作为人类协调与外界关系的道德准则"人道",必须反映和从根本上符合自然规律、生态系统的限定。保持自然生态平衡是人类道德价值的基础。人类的道德价值准则,应在人与自然的生态关系中予以客观确定。我们确立的道德准则,必须能使人类社会与自然界的生态系统互相协调。这正是"天道"与"人道"合一思想给我们

---

① 恩格斯:《自然辩证法》,人民出版社 1971 年版,第 159 页。
② Holmes Rolston, *Philosophy Gone Wild*, New York: Prometheus Books, 1989, pp. 15 - 17.

在现代生态道德方面的重要启示。

三 "仁者以天地万物为一体"：
尊重生命价值，兼爱宇宙万物

中国"天人合一"思想不仅肯定人是天地自然的产物，坚持宇宙生命统一论，肯定"天道"与"人道"合一，坚持"人道"本于"天道"，以合乎自然规律作为人类道德的基础，而且十分强调"仁者以天地万物为一体"的观念，把整个自然界看作是一个统一的生命系统，把"生生"作为"天地之大德"，把尊重自然界的一切生命的价值，爱护一切动物、植物和自然产物看作是人类的崇高道德职责。

在中国的哲人看来，整个宇宙天地是一个流衍创化的生命系统，"大凡生于天地之间者皆曰命"（《礼记·祭法》）。作为"天地之性"的人之所以"最为天下贵"，在于"人有气有生有知并且有义"（《荀子·王制》），能"兼乎万物，而为万物之灵"（《皇极经世·观物外篇》）。作为自然界的道德监护者的人，在于秉受大自然使万物"生生"的旨意，以中正无私的精神，从自我生命的体验，进而同情他人的生命，和顺于人人的生命，旁通于万物的生命，浃化天地的生意，使个人的生命及其善性与天地万物的生命与善性合一同流。"仁者以天地万物为一体"，这是儒、道、墨三家哲人共同追求的生命至善境界。

儒家一贯倡导"益于生灵""利于庶物"。孔子"君赐生，必畜之"（《论语·乡党》）。孟子"亲亲而仁民，仁民而爱物"（《孟子·尽心上》）。荀子也说："圣人者以己度者也，故以人度人，以情度情，以类度类。"（《荀子·非相》）荀子不仅要求人们"以人度人"，推己

及人,而且还要求人类"以类度类",行为活动要考虑和顾及"他类"如动物、植物等,仁于万物。这是十分可贵的生态道德意识。

《易传》的作者站在"天人合一"的思想高度,认为自然恒常生育万物,使万物生生不已,乃是天地的基本德性。"天地之大德曰生"(《周易·系辞下传》)。"生生"是自然界发展、变化的基本规律。"生生之谓易"(《周易·系辞上传》)。人唯有遵循自然界的"生生"法则,才能使宇宙生命不绝,阴阳变转,万物恒生。"天地絪缊,万物化醇;男女构精,万物化生"(《周易·系辞下传》),从而以生命的直观精神发现宇宙天地生命之间的相互关联,事物的阴阳化醇,相易转生的奥妙,从而要求人类学习天地的"好生之德"。《周易·象传》还说:"地势坤,君子以厚德载物。"自春秋战国以来,敬畏生命,厚德载物成为儒家的伦理传统。

张载认为"天人"之"用"是统一的,"性与天道合一",人与自然万物有共同的本性,应当认识人与自然万物的利益关联,把兼爱万物,"民胞物与"作为人类普遍的道德原则。他说:"性者万物之一源,非我之得私也。惟大人为能尽其道,是故立必俱立,知必周知,爱必兼爱,成不独成。"(《正蒙·诚明》)就是说,天地万物有统一的本性,这个本性并不是我一人独有的,而是互相联系在一起的。只有道德高尚的人才能顺应天地万物的本性,以尽自己的责任。人若要自己生存,必须同时让万物都生存;人若要认识自己,必须普遍认识周围的万物;人若要爱自己,必须兼爱他人和万物;人若要成长发展,必须让万物都得以成长与发展。他还说:"天地之塞,吾其体;天地之帅,吾其性。民,吾同胞;物,吾与也。"(《西铭》)把天地之体,当作自己的身体,把统率天地变化的自然本性,当作自己的本性。人民,都是我的同胞;万物,都是我的朋友。张载在这里阐发的是一种多么深刻而精彩的生态道德思想！

值得注意的是，在张载提出这些思想900多年后的1972年，英国科学家詹姆斯·洛弗依克提出，地球是一个庞大而有生命的有机体，大气、海洋、各种生命本身是它的身体机能，并认为，环境和生命是一个单一系统的两个部分，它们通过自我调节和自我校正相互作用。[①] 1975年，罗尔斯顿也以生态伦理学的观点提出，生态伦理学"集中消除人和世界之间的任何固定界限"。他说："人的脉管系统包括动脉、静脉、河流、海洋和气流。清除一个垃圾堆与补一颗牙齿都是同一类事情。如果作比喻的话，在新陈代谢上，我自身贯穿整个生态系统，世界就是我的身体。"[②] 不难看出，洛弗依克和罗尔斯顿观点的基本精神，实际上是张载早就阐述过的，是一种人类生态道德智慧的历史回音。

在张载之后，程颢、朱熹等重要儒家思想大师，进一步继承和发展了《易传》和张载尊重生命、仁爱万物的思想。程颢直接把遵循自然界"生生"的规律与人的善德联系起来。他说："生生之谓易，是天之所以为道也。天只是以生为道。继此生理者，即是善。"（《二程集·河南程氏遗书》卷二上）意思是说，生养万物，繁荣生命是大自然的根本规律，人类只有认识和遵循这个"生理"，才是善。他还说："天地之大德曰生，天地纲组，万物化醇，生之谓性，万物生意最可观。此元者善之长也，斯所谓仁也。"（《二程集·河南程氏遗书》卷十一）程颢认为：天地生成万物，以哺育生灵，长养万物为本性，万物都表现了自然界的生意，人如能体现和发挥万物的生意

---

① 参见张楠编译：《关于科学、技术与未来，你必须了解的50件事情》，载《新华文摘》1994年第6期，第183页。

② Holmes Rolston, "Is There an Ecological Ethic?", *Ethics*, Vol.85, No.2 p.104.

便是仁德。程颢不仅肯定生命的重要意义，歌颂生命的价值，而且强调人既要爱有生之物，如植物、动物，又要爱无生之物，如山水大地。他明确提出："仁者以天地万物为一体。"还说："学者须先识仁。仁者浑然与物同体。"（《二程集·河南程氏遗书》卷二上）程颢反对孟子"万物皆备于我"，以万物主宰自居的狂妄态度，认为人对天地万物"须反身以诚，乃为大乐"。他深刻地指出，人要去一己之"私"，立仁爱万物之"公"。他说："只为公则物我兼照。"（《二程集·河南程氏遗书》卷十五）朱熹充分肯定张载、二程"天人合一""仁者以天地万物为一体"的思想，进一步指出："天地以生物为心者也，而人物之生又各得天地之心以为心者也。"又说："此心何心也？在天地则块然生物之心，在人则温然爱人利物之心。"（《朱文公文集》卷六十七）王阳明也说过："大人之能以天地万物为一体也，非意之也，其心之仁本若是，其与天地万物一也。"（《阳明集要·大学问》）可见，不论是程颢的"万物生意最可观""仁者以天地万物为一体"，还是朱熹的"人物之生各得天地之心以为心""在人则温然爱人利物之心"，都是儒家坚持"天人合一"，尊重生命价值，仁爱自然万物思想的生动体现。

中国先哲从"天人合一"思想出发，确信"天地之大德曰生""天只是以生为道"，尊重天地间的一切生命，歌颂生命价值，倡导"仁者以天地万物为一体""物我兼照""衣养万物""歔歔焉为天下浑其心"的超我的仁爱观念，是人类生态道德思想的重要先声。施韦兹把生态道德的基本原则概括为："善是保存和促进生命，恶是阻碍和毁灭生命。"[①]"善的本质是：保持生命，促进生命，使生命达到其

---

① 史怀泽：《敬畏生命》，上海社会科学院出版社1992年版，第19页。

最高的发展。恶的本质是：毁灭生命，损害生命，阻碍生命的发展。"①中国先哲的"继此生理，即是善"的思想，所高扬的正是"敬畏生命"的伦理精神，"一切生命都是神圣的"，"伦理就是敬畏我自身和我之外的生命意志"。恰如施韦兹所说："敬畏生命的伦理，促进任何人关心他周围的所有人和生物的命运。"②

　　中国先哲从"天人合一"的宇宙生命统一论出发，依循天地"生生之谓理"这一最高的自然和伦理法则，不仅倡导关心、爱护天地间一切有"血气"的动物，而且倡导关心、爱护一切有"生气"的植物乃至"万物"。"仁者以天地万物为一体"，人类作为大自然道德监护人"有义"与天下万物"混其心"，赋有保护动物、植物和天地万物健全生存与发展的道德责任。现代生态伦理学创始人莱奥波德在《大地伦理》中指出："任何事物当它趋向于保护生物共同体的完整、稳定和美丽时，它就是正确的，当它趋向于相反结果时，就是错误的。"③中国先哲尊重一切生命，兼爱宇宙万物的思想，其根本意义是承认一切生命的至上价值，维护自然界整个生态体系的内在平衡。这是一种保护地球上生物共同体完整、稳定和美丽的，以生态平衡为中心的伦理思想。

四　"相辅天地之宜"：人与自然和谐协调发展

　　"天人合一"思想认为人是自然界的产物，整个宇宙天地是

---

① 史怀泽：《敬畏生命》，上海社会科学院出版社1992年版，第91—92页。
② 同上，第26—27页。
③ Aldo Leopold, *The Land Ethic: From A Sand County Almanac*, Oxford University Press, 1981.

按照客观规律运行的统一的大生命系统，"天道"与"人道"合一，自然规律是道德法则的基础，"生生"既是自然界的普遍规律，又是人的行为活动的最高准则，要求人类尊重生命，仁爱宇宙万物，追求的根本价值目标是人"与天地参""相辅天地之宜"，实现人与自然的和谐协调发展。

中国先哲一方面认为人是自然天地的产物，是生命万物中的一员，一方面又肯定人是"万物之灵"，在自然的发展变化中负有独特的作用和使命。荀子说："水火有气而无生，草木有生而无知，禽兽有知而无义。人有气、有生、有知并且有义，故最为天下贵也。"（《荀子·王制》）人与万物的本质区别在于人"有义"，即在创造自我生命价值的活动中，能"兼乎万物""兼利天下"，具有高尚的道德意识和道德责任。荀子说："载万物，兼利天下，无它故焉，得之分义也。"（《荀子·王制》）人要使自己的行为活动"有义"，必须发挥人独有的主观能动性，认识自然规律，顺应自然规律。韩非子说："聪明睿智，天也；动静思虑，人也。人也者，乘于天明以视，寄于天聪以听，托于天智以思虑。"（《韩非子·解志》）人的"聪明睿智"，是天地氤氲，万物化醇的自然产物，是人先天就有的特性。而"动静思虑"恰是人后天的责任。人应以"天明"之目来观察万物面貌，以"天聪"之耳来倾听自然声息，以"天智"之大脑来探究自然之理，明智地履行大自然道德监护者的责任，维护人与自然万物的共同利益。

在中国哲人看来，为了实现人与自然万物和谐共存，共同发展，人首先要"知常"，即遵循自然界的根本规律。老子深刻地指出："不知常，妄作，凶。知常容，容乃公，公乃全，全乃天，天乃道，道乃久，没身不殆。"（《道德经》四十四章）就是说，人如果不认识自然规律,在自然界狂妄自大,盲目乱干,必然导致灾难性的后果。人类只有认识自然规律,才能包容天地万物;包容天地万物,才能做到坦诚、大公;有了坦诚大公的至善品德,才能兼爱万物,不无周编;不无周编,才能符合自然;符合自然,才符合自然界的根本法则"道";符合自然界的根本法则"道",才能使自己和万物的生命天长地久,永远不会遭受灭亡的危险。在自然规律面前做到"清静""无为",就能"无为而无不为"。《周易·文言》也提出,人应"与天地合其德",做到"先天而天弗违,后天而奉天时"。就是说,不论是在自然没有发生变化之前加以引导,还是在自然发生变化之后采取因应措施,都要尊重自然规律。

"天人合一"思想,不仅强调人应"知常",尊重自然规律,而且注意发挥人的主观能动作用,在认识和服从自然法则的基础上,自觉与天地参赞化育,和谐共生。《周易·象传》说:"天地交泰,后以财(裁)成天地之道,辅相天地之宜,以左右民。"意思是说,天地万物互相交融,和谐协调,才有安泰繁荣。圣人的责任就是认识和掌握这个天地之道,遵循自然规律,采取适宜自然万物和谐发展的有利措施,以佐佑人民。《周易·系辞上传》也明确指出:"与天地相似,故不违;知周乎万物而道济天下,故不过;旁行而不流,乐天知命,故不忧;安土敦乎仁,故能爱。范围天地之化而不过,曲成万物而不遗。"人类的责任在于拟范周备天地的化育而不致偏失,曲尽细密地辅助万物的生长、发展而不使遗漏。《礼记·中庸》也指出:"能尽物之性,则可以赞大地之化育;可以赞天地之化育,可以与天地参矣。"

上述这些论述都深刻地体现了中国"天人合一"思想,"仁者以天地万物为一体",尊重自然规律,包裹万物,扶持众妙,布运化贷,均调互摄，浑溟而大同，追求人与自然共同发展的"宇宙伦理"境界。

中国先哲提出"辅相天地之宜""曲成万物而不遗"，是基于对人与自然环境协调发展规律的深入认识。在中国先哲看来，自然界本身是一个完整的生命存在系统，人类只有和自然环境互相融合，才能共存和受益。人与天地间的生命万物有着基本的生存联系，人类的生存与发展，有赖于万物的生存与发展。承认"人类与非人类在地球上的生存与繁荣具有自身的内在的、固有的价值。非人类的价值并不取决于他们对于满足人类目的的有用性"①，坚持人与自然和谐协调地发展，确认"只有当人类的行为促进人与自然的和谐、完整才是正确的"②，是现代生态伦理学的思想基础。"辅相天地之宜""曲成万物而不遗"所体现的正是这样的生态道德观念。

中国先哲倡导"辅相天地之宜""曲成万物而不遗"，是要求人类担负起自然界"善良公民"的责任，遵循自然规律，尊重万物的生命和存在的价值。莱奥波尔德指出："大地伦理改变了人类的作用，使人类从大地共同体的征服者转变为其中的一个普通的成员和公民。这意味着尊重他的生物同伴以及整个大地共同体。"③中国先哲是倡导人类"从大地共同体的征服者转变为其中的一个普

① Bill Devaland，George Sessions，*Deep Ecology: Living as if Nature Mattered*，Peregine Smith Books，1985；See L.P. Pojman，*Environmental Ethics: Readings in Theory and Application*，Boston：Jones & Bartlett Learning 1994，p.115.
② Tom Regan，*Earthbound: New Introductory Essays in Environmental Ethics*，New York：Random House，1984，p.270.
③ Bill Devaland，George Sessions，*Deep Ecology: Living as if Nature Mattered*. See L.P. Pojman，*Environmental Ethics:Reading in Theory and Application*，Boston：Jones and Bartlett Publishers，p.115.

通成员和公民"的思想先驱。中国先哲倡导"辅相天地之宜""曲成万物而不遗",是把人与自然的和谐协调发展作为根本的伦理价值目标,这对于正走向 21 世纪的人类,有着极其重要的启示意义。汤因比指出:"为了人的利益而去征服和利用自然……这是使现代的自然和人类的协调关系崩溃的一个原因。"他说:"人类本来是以敬畏之心看待自己的环境的,应该说这才是健全的精神的状态。"①他告诫说:"人类如果想使自然正常地存续下去,自身也要在必需的自然环境中生存下去的话,归根结底必须和自然共存。"②

中国传统的"天人合一"思想是一种追求人类"和自然共存"的生存大智慧。中国先哲以"生命的直觉思维"深刻地揭示生态道德智慧,尽管带有某种朴素的直观、顿悟性质,但毋庸置疑地具有"奇迹般深刻",一再为现代生态科学的发展所证实,被人类道德认识地深化所认同,值得我们今天在深入探讨人与自然关系的生态道德价值时,认真分析和吸取。

---

① 汤因比、池田大作:《展望二十一世纪——汤因比与池田大作对话录》,荀春生、朱继征译,国际文化出版公司 1985 年版,第 31—32 页。
② 同上,第 40 页。

第四章

孔子以"仁"为核心的道德观和道德教育思想

孔子生活在奴隶制向封建制过渡的春秋末期，以倡导仁义道德而在中国乃至世界历史上享有盛名。他是中国伦理思想史上第一位具有较完整思想体系的伦理学家，他的道德观在我国两千多年的封建社会中，一直为统治阶级所推崇。有的学者认为："在中国所有的道德哲学家中，孔子是最重要的。事实上，我们可以说孔子规定了中国人的生活方式和思维方式。"[①]这样的分析不无道理。孔子的伦理道德观念，为中国传统的伦理道德思想奠定了基础。他在中国历史上的重要地位，相当于苏格拉底在古希腊史上的地位。研究中国道德哲学，首先要重视研究孔子的道德观。

　　孔子不仅是一位伟大的哲学家和思想家，而且也是一位伟大的教育家。他兴办私学，长期从事教育实践，相传弟子三千，贤人七十二，把自己的伦理道德思想与教育实践结合起来，开我国道德教育之先河，可谓中国历代教育家中重视德育的"祖师"。因此，以历史唯物主义的态度公允地分析和评价孔子的道德观和道德教育思想，对于我们继承我国优秀的道德遗产，汲取历史上有益的道德教育经验，具有十分重要的现实意义。

---

① 弗吉利亚斯·弗姆主编：《道德百科全书》，何怀宏译，湖南人民出版社1988年版，第63页。

一 "仁"是孔子伦理道德观念的核心

"仁"是孔子道德思想的核心，也是他的伦理学说的根本。孔子平生谈得最多的是"仁"。《论语》中讲"仁"的共五十八章，"仁"字出现 109 处（除《里仁》章题中一字重复外，实为 108 处）。孔子不仅最喜欢谈"仁"，而且十分强调"仁"的重要性，认为在任何情况下，一个讲道德的人都不可以没有"仁"。他说："君子无终食之间违仁，造次必于是，颠沛必于是。"（《论语·里仁》）还说："志士仁人，无求生以害仁，有杀生以成仁。"（《论语·卫灵公》）

孔子说："志于道，据于德，依于仁，游于艺。"（《论语·述而》）这句话反映了孔子最基本的道德价值观。孔子所说的"道"，既是指人在社会生活中待人处世应当遵循的一定途径、规则、规范，又是指社会政治生活和做人的最高准则。"德"是指个人的品德和情操。他说："主忠信，徙义，崇德也。"（《论语·颜渊》）而"仁"是"德"的根本，"道"与"德"都应依从于"仁"。"游于艺"也是如此，即从事包括礼、乐、射、御、书、数六门技艺及社会生活实践时，都应当遵循"仁"这个最基本的道德原则，不可稍悖其旨。由此可见，"仁"是孔子伦理道德观念的核心，在其道德思想体系中占有主导的地位。

道德观是指对"道德"这一人类社会特有的现象的总看法和基本价值取向。孔子的伦理道德思想博大精深，其道德观涉及极为广泛的社会生活领域，有待于人们不断研究。我们认为，反映孔子个人思想特点的最基本的道德观如下：

1. 仁者"爱人"

在孔子的伦理思想中，"仁"是最高的道德原则，而"仁"的最重要的含义是什么呢？这一点，孔子自己说得很明白："樊迟问仁。子曰：'爱人'。"（《论语·颜渊》）"仁"的首要内容是"爱人"。这种超越人的自私心理，提倡对于他人应有"仁爱"精神的思想，不论在中国伦理思想史上，还是在整个世界思想发展史上，都具有反映人类道德文明进步的重大意义。孔子在这里所说的"爱人"的"人"，并非仅指奴隶主贵族，而是泛指自己以外的人，可以是贵族，也可是平民，甚至是奴隶。一次，马厩失火，孔子得悉，立即退朝，曰："'伤人乎'？不问马。"（《论语·乡党》）孔子的这一思想和举动，受到许多国内外学术界的高度评价，认为这是重视"人的价值"的"惊世之言"，是世界思想史上最早的人道主义思想之一。

显然，孔子的"爱人"思想已经超越了以往中国伦理思想中囿于血缘关系的"爱亲"思想。从"仁"出发，由"爱亲"而推及"爱人"，由"爱人"而"泛爱众"。子曰："弟子，入则孝，出则悌，谨而信，泛爱众而亲仁。"（《论语·学而》）"泛爱众"，就是要求人们普遍地博爱众人。孔子正是从"爱人"的思想出发，提出了"养民也惠"的德治思想，强调统治阶级应考虑人民的利益，"因民之所利而利之"（《论语·尧曰》），"博施于民而能济众"，坚决反对对人民群众的横征暴敛，残酷压迫。

孔子不仅以"爱人"来解释"仁"，而且还把"忠恕"作为实行"爱人"的一种重要方法。他的学生曾参在说明孔子"吾道一以贯之"时说："夫子之道，忠恕而已矣。"（《论语·里仁》）"忠恕"是孔子对"爱人"思想的重要阐发。所谓"忠"，是指"己欲立而立人，己欲达而达人"（《论语·雍也》）。所谓"恕"，是指"己所不欲，勿施于人"（《论语·颜渊》）。他的这一重要仁爱准则，是建立在人心相通、人欲相近、人格平等、人与人要将心比心这样朴素而重要的思想基础上的。从"爱人"之心出发,己欲立而立人,己欲达而达人,推己及人,"能近取譬"。自己不想要的东西,也不要用这种东西对待别人。通过"忠恕",实行"爱人"的目的,达到人与人之间的相互理解、尊重、宽容和友爱。

值得我们重视的是,把孔子在公元前五至四世纪提出的"爱人"—"忠恕"这一"仁之方",与基督教《圣经·新约》中提出的"为人准则"(Golden-rule,又译"黄金准则"),即"你想人家怎样对待你,你也要怎样对待别人"中包含的"仁慈"思想进行比较,不仅可以看出,其中都蕴涵着人类共同的"仁爱"思想,而且可以看出,孔子的"爱人"—"忠恕"思想比基督教的"仁慈"思想,具有更深刻、更全面的"仁爱"精神。正是这种博大、深广的"爱人"精神,使得儒家伦理思想具有全人类的普遍价值。

2."智、仁、勇"统一

"仁"是孔子道德思想的核心,但是"仁"不是抽象的、孤立的。孔子提倡"仁"的根本目的,是要塑造能建立和维护一个良好社会秩序所需的理想人格——"君子"。他认为,一个君子的理想人格,应当是"智、仁、勇"的统一。他说:"智者不惑、仁者不忧、勇者不惧。"(《论语·子罕》)《中庸》称:"智、仁、勇三者,天下之达德也。"孔子把"智"(智慧)、"仁"(仁德)、"勇"(勇敢)这三种品质称为"君子道者三",认为是一个品行高尚的君子必须具备的三种美德。

"智、仁、勇"这三种品质,有着密切的内在联系。"仁"居于核心地位。孔子说:"仁者安仁""知者利仁"(《论语·里仁》)。即是说,一个人有了仁德会以仁为本,而他又有聪明才智,能理解通晓人与人的关系的本质,达到"知人"的境界,就会为仁服务,实行仁德。苏格拉底主张"美德即知识"。孔子较早地看到人的美德与智慧之间的内在联系，不仅把热爱知识本身看成是一种美德，倡导"志于学"(《论语·为政》)、"敏而好学"(《论语·公冶长》)、"学而不厌"(《论语·述而》)的精神，而且提倡"知者利仁"，以自己的聪明智慧为仁德服务，在伦理思想史上具有独特的创见。

同时，孔子把"勇"看作是实现"仁"的必备品质。他说："仁者必有勇，勇者不必有仁。"(《论语·宪问》)即是说，凡是真正具备仁德的人，必定是勇敢的；而仅仅勇敢的人，未必有仁的品德。在孔子看来，一个人真正在内心领悟了"仁"的道理，就会不忧不惧，见义勇为，为实现自己社会主张和道德理想英勇奋斗。他要求"志士仁人，无求生以害仁，有杀身以成仁"(《论语·卫灵公》)。孔子自己就是在"世风衰败，道德式微"的社会环境中，为心中的理想"知其不可而为之"的勇士。他倡导的人们应当为社会的正义事业和崇高理想英勇奋斗、无私无畏的精神，为我国世代无数仁人志士所诚服与发扬，成为中华民族的可贵民族精神之一。

3. 见利思义

如果说"智、仁、勇"的统一是孔子以"仁"为核心的理想人格的基本特点，那么"见利思义"(《论语·宪问》)，"义以为上"(《论语·阳货》)则是孔子以"仁"为核心的价值观的基本特点。在中国伦理学史上，"义"主要是指道德义务；"利"一般是指功利或利益，在孔子那里，则主要是指个人的私利。他说："见利思义，见危授命，久要不忘平生之言，亦可以为成人矣。"(《论语·宪问》)所谓"见利思义"是倡导人们在见到有利可图的事情时，首先要想到自己应尽的道德义务。凡符合道义的利益可以考虑，但不符合道义的利益一定要自觉舍弃。君子在义利关系的处理上，应把履行道德义务放在第一位,而把个人利益放在第二位。如果"义""利"发生冲突,应"义以为上"。

孔子倡导"见利思义",并不一概否认人有对自身正当利益的希求。他说:"富与贵,是人之所欲也""贫与贱,是人之所恶也"。但是,他又接着说:"不以其道得之,不处也""不以其道得之,不去也"(《论语·里仁》)。就是说,一个人追求个人的利益,求富贵,去贫贱,都必须符合道义,"义然后取"(《论语·宪问》)。

孔子坚决反对不顾仁义道德,拼命追逐个人富贵利禄的行径。他说:"不义而富且贵,于我如浮云。"(《论语·述而》)他进而提出"君子义以为质"(《论语·阳货》),即君子把高尚的道义作为自己一切行为的根本准则,"行义"是君子的本质。他把一味追求个人利益的人贬斥为"小人"或"斗筲之人"(《论语·子路》)。孔子有一句名言:"君子喻于义,小人喻于利。"(《论语·里仁》)一种观点认为,这里包含了孔子忽视个人利益,鄙视劳动人民的贵族偏见,集中反映了儒家重义轻利的倾向。实际上,在"人各自私,人各自利",物欲横流的社会生活中,孔子把昭明道义看作是君子的高尚品格,把只知追求个人私利看作是小人的特点,多少包含了在利益冲突面前,君子应自觉履行道德义务,个人必须服从群体、国家、民族利益,不考虑个人利益得失的可贵精神。正是在这一意义上,孔子的这一义利观在我国几千年的封建社会中得以流传和发扬。董仲舒把它发挥为:"正其谊(义)不谋其利,明其道不计其功。"(《汉书·董仲舒传》)孔子强调个体对整体的道德义务,在中华民族的发展中逐步演化为以自觉维护国家、民族和民众利益为最大光荣,以不择手段、唯利是图、一心追求个人私利为耻辱的道德精神,这是应予充分肯定的。

4. 中庸

"中庸"是孔子首先明确提出的一项重要道德规范。孔子说："中庸之为德也,其至矣乎!"(《论语·雍也》)在孔子看来,中庸是最高的德行,又是人们在道德实践中如何掌握行为分寸与尺度必须遵守的重要道德准则。中庸的含义是什么? 孔子认为是"过犹不及"(《论语·先进》),即既无过,又无不及。《中庸》引用孔子的话说:"执其两端,用其中于民""中立而不倚"。程颐说:"不偏之谓中,不易之谓庸。中者,天下之正道,庸者天下之定理。"(《二程遗书》卷七)朱熹说:"中者,不偏不倚、无过不及之名。庸者,平常也。"(《四书章句集注·中庸章句》)应该说,这些阐释是符合孔子中庸思想本意的。

在《论语》中,中庸又称为中行,指人的气质、德行保持均衡的状态,不偏执于一端,使对立的双方互相制约,互相补充。孔子说:"不得中行而与之,必也狂狷乎! 狂者进取,狷者有所不为也。"(《论语·子路》)"狂"即狂妄,"狷"即拘谨,是两种对立的品质。"狂"者勇于进取,敢作敢为,但易于偏激冒进;"狷"者小心谨慎,思前顾后,但流于退缩无为。孔子认为,中行就是不偏于狂,也不偏于狷。他本人则"温而厉,威而不猛,恭而安"(《论语·述而》),是个合乎中庸之道的典范。孔子提倡君子应有"五美","君子惠而不费,劳而不怨,欲而不贪,泰而不骄,威而不猛"(《论语·尧曰》)。这五种品质,都是不偏不倚,把对立的品质结合起来,达到完美的境界。

从伦理学上看,孔子的中庸思想揭示了人类道德生活中的一种规律,认为人的品行应在对立的双方把握某种恰当的分寸或"度",不能偏执于一端,失之偏颇,走向极端。这是有一定合理性的。他把中庸作为最高的美德,目的是要求人与人之间和谐相处,维护社会的秩序与稳定。

孔子提倡的中庸之道,与古希腊哲学家亚里士多德的"中道"思想有某种相同之处。亚里士多德说:"美德乃是牵涉选择时的一种性格状况,一种中庸之道,即是说,一种相对于我们而言的中庸,它为一种合理原则所规定,这就是那具有实践智慧的人用来规定美德的原则。它乃是两种恶行——即由于过多和由于不足而引起的两种恶行——之间的中道。它之是一种中道,又是由于在激情和行动两方面,恶行是少于应该做的,或者越出了正当的范围。而美德则既发现又选取了那中间的。因此,就其实质和就表述其本质的定义而言,美德是一种中庸。"[①]可见二者相通之处。

二　孔子"导之以德"的道德教育思想

孔子从自己以"仁"为核心的道德观念出发,十分重视道德在整个社会生活中的重要作用。他把道德生活看成是高于政治、法律、教育、艺术、宗教等其他一切活动的因素,主张用道德统率其他活动。他说:"为政以德,譬如北辰,居其所而众星共之。"(《论语·为政》)意思是说,如果统治者有道德,群臣百姓就会自动围绕着你转。孔子认为,统治者治理国家不要靠杀戮,而应自己"帅以正",用自己的道德行为去教育和感化人民。执政者做善事,老百姓自然也做善事。他说:"君子之德风,小人之德草,草上之风必偃。"(《论语·颜渊》)执政者自己道德品行的好坏,直接决定全社会的

---

① 北京大学哲学系外国哲学史教研室编译:《古希腊罗马哲学》,商务印书馆1982年版,第321页。

道德风尚。

孔子主张以道德教化作为治国的原则，道德教化比刑罚更重要。他说："道（导）之以政，齐之以刑，民免而无耻；道（导）之以德，齐之以礼，有耻且格。"（《论语·为政》）意思是说，刑罚只能使人避免犯罪，不能使人懂得犯罪可耻。道德教化比刑罚更重要，它既能使百姓守规矩，又能有羞耻之心，懂得做人的道理。他极力主张统治者加强对人民的道德教化，反对"不教而诛"的暴虐行为，认为德治比法治更根本。

孔子是我国古代的杰出教育家，非常重视学校教育对于培养人的良好道德品德的重要作用，在学校道德教育方面提出了一系列独到的思想。

1. 德教为主

孔子是一个道德决定论者，反映在教育观上，他把教育看作是提高人们道德水平的手段，认为教育的主要目的是培养人的美德。关于孔子办学的教育内容，根据不同的文献有不同的说法。据《论语·先进》，他的教育内容有四种，即：德行、言语、政事、文学，德行的教育列于各科之首。他教诲自己的学生们："弟子，入则孝，出则悌，谨而信，泛爱众而亲仁。行有余力，则以学文。"（《论语·学而》）即是说，当一个学生，首先要学习德行，做一个符合社会道德规范的人，其次才是学习和提高自己的文化知识。所以在他的整个教育中，道德教育居于首要地位。

孔子对学生的评价，也是把德的标准置于才能之上。他认为颜回好学，不是说他的知识丰富，才能高超，而是指出颜回的品德比别人高尚。一个人的知识才能再好，如果没有好的品质，也是不足道的。孔子认为，道德的价值高于人的知识才能。在各种教育中,道德教育处于第一位。

2. 寓德教于教学

孔子的教育目的是培养符合社会发展需要的具有良好的道德品行的"君子"。他认为,道德观念以文化知识为基础,不论是"教"还是"学",都应在努力增进人的知识的过程中完善人的道德品质。

从"教"的方面来说,学校对学生的道德教育主要是通过传授各种文化知识来完成,培养道德与传授知识是在同一教学过程中进行的。孔子精心为学生编成《诗》《书》《礼》《乐》《易》《春秋》等教材,在教学中,尽力发挥这六种教材对人的道德观念和思想情操的陶冶作用。《诗》教人心意畅达,体切人情;《书》教人通晓历史,明辨是非;《礼》教人知道规范,举止有节;《乐》教人净化心灵,品性善良;《易》教人深察事理,达观为人;《春秋》教人交往得体,行为有原则。

从"学"的方面来说,孔子十分强调学生应把学习知识的过程,看作是提高自我道德素养的过程,把学习各种知识与培养良好的品德统一起来。他对学生子路说:"好仁不好学,其蔽也愚;好知不好学,其蔽也荡;好信不好学,其蔽也贼;好直不好学,其蔽也绞;好勇不好学,其蔽也乱;好刚不好学,其蔽也狂。"(《论语·阳货》)即是说,仁、知、信、直、勇、刚等君子必备的优良品质,只有不断学习知识才能形成、巩固和发展。一旦放松学习,好的品行就会发生偏差。孔子的教书育人、好学成德的思想,在我国的学校道德教育史上产生了深远的影响。

3. 为仁由己

孔子道德教育思想的一个鲜明特色,是强调发挥人们在道德修养上的自觉能动性。他说:"为仁由己,而由人乎哉?"(《论语·

颜渊》)一个人道德境界的提高,美德的养成,主要的不是依靠"外铄",而是依靠"内化",即依靠自我的努力与锻炼。

他在道德教育实践中,向学生提出了一套完整的道德自我进取的具体途径和方法:

一是"深思",要求学生对自己的言行自觉进行道德是非的思辨和选择。他说:"君子有九思:视思明,听思聪,色思温,貌思恭,言思忠,事思敬,疑思问,忿思难,见得思义。"(《论语·季氏》)

二是"立志",要求学生在道德境界与事业上树立崇高的标准与理想。他谆谆教导学生,不要贪图现实生活中的一时享乐,而要"志于仁"(《论语·里仁》),为社会的正义事业不息奋斗,"守死善道""志于道"(《论语·里仁》)。一旦选择了崇高的志向,就要矢志不移,自强不息。他说:"三军可夺帅也,匹夫不可夺志也。"(《论语·子罕》)

三是"克己",要求学生在处理人际关系上,注重严格要求自己,时时以道德规范自觉检点自己的言行。他说:"君子求诸己,小人求诸人。"(《论语·卫灵公》)品行高尚的人,遇到事情应严以责己,宽以待人,"躬自厚而薄责于人"(《论语·卫灵公》)。

四是"力行",要求学生懂得了为"仁"的道理,就应在自己的行动中"躬行",体现"仁"的精神,言行一致。他说:"力行近乎仁。"(《礼记·中庸》)他认为:判断一个人的道德品质是否高尚,要"听其言而观其行"(《论语·公冶长》)。他常常勉励自己和学生,当一个"躬行君子"(《论语·述而》)。

五是"内省",要求学生经常对自己的思想和行为进行自我思想检查,自觉进行道德反省。他说:"见贤思齐,见不贤而内自省也。"(《论语·里仁》)还说:"三人行必有我师焉,择其善者而从之,其不善者而改之。"(《论语·述而》)见到别人的品行比自己高尚，虚心找出差距，努力向别人学习；见到别人有不良的品行，也要对照自己，引以为戒，防止类似的过失。内省的方法注重人们道德修养的主观积极性，鼓励自己教育自己，对于迁善改过、修养德性具有外在性的道德教育和道德评价无法取代的重要作用。

4. 以身作则

孔子在教育活动中对学生进行道德教育，不仅重视"言教"，更重视"身教"。要求学生做到的道德规范，教师首先要以身作则，以身垂范，给学生作出榜样。他多次提到统治者或师长在道德方面以身作则的重要性。他说："其身正，不令而行；其身不正，虽令不从。"(《论语·子路》)又说："不能正身，如正人何？"(《论语·子路》)作为统治者或师长，自己德行高尚，处处以道德规范约束自己，表现出高尚的品质，那么不论臣民百姓或者自己的学生就会上行下效，人人讲道德；如果统治者或师长，自己道德败坏，品格低贱，即使整天高唱"仁义道德""礼义廉耻"，老百姓或学生也会听而不闻，漠视道德。统治者自己的真实言行是国民道德行为的实际榜样，教师自己的道德品貌对学生有重大的影响。

难能可贵的是，孔子在自己的长期教育实践中，处处以高尚的品行向学生示范，以真诚恻怛的人格熏染学生，深受弟子和后人的崇敬和赞叹。颜渊曾由衷地称赞孔子的道德人格："仰之弥高，钻之弥坚。瞻之在前，忽焉在后。夫子循循然善诱人。"孟子叹服孔子"出乎其类，拔乎其萃"。孔子率先倡导的教师以身作则，在我国漫长的教育史上，为历代教育家所推崇，并逐步演化成为我国学校道德教育的一项原则。

第五章

墨子的"兼爱"道德观和
道德教育思想

墨子是我国先秦时期继孔子之后有巨大影响的重要思想家、教育家。墨子生活在战国初期，出身工匠，曾先学习孔子开创的儒家学说而后非儒，以"兴天下之利，除天下之害"为宗旨，创立自己独树一帜的墨家学说与儒学抗衡，在当时被称为与儒家齐名的"显学"，并对春秋战国时期形成"百家争鸣"的思想活跃局面起了重要作用。

墨子以"兼爱"说为中心的道德观和既"贵义"、又"尚利"的功利主义思想对我国道德思想的形成和发展产生了重要的影响。墨子又是一位教育家。他兴办规模颇大的私学，拥有弟子三百，大多来自"农与工肆之人"，师生共同过自食其力、十分俭朴的生活。墨子的道德观和道德教育思想基本上代表了当时社会小私有劳动者和平民百姓的利益，是我国历史上第一位"替劳动者阶级呐喊的思想家"。

一 墨子以"兼爱"说为中心的道德观

任何一个伟大思想家的道德学说的提出，都既是面对现实生活的利益冲突力图加以调节的主体性反思，又是代表了人类对理想社会人们品德的"善"的追求。墨子以"兼爱"说为中心的道德观的提出，是对当时社会从奴隶制向封建制转变过程中一些自私自利的人奉行"交别"的利己主义原则的超越。

所谓"交别",不仅是重视人际交往中的亲疏、厚薄的差别,而且把彼此的利益对立起来。把"交别"作为指导行为的根本原则,必然使"爱己"与"爱人"、"利己"与"利人"水火不容,导致"亏人利己"。墨子认为:"交别"是天下一切祸害的根源,"交别者,果生天下之大害者与"(《墨子·兼爱下》)!人们一旦奉行"交别"的原则,"独知爱其国,不爱人之国""独知爱其家,而不爱人之家""只知爱其身,不爱人之身",必然造成诸侯野战,贵族相篡,人与人相贼,最终给天下百姓造成灾难。

因此,墨子积极主张"兼以易别""以兼相爱,交相利之法易之"(《墨子·兼爱中》)。"兼爱"是墨子用以处理社会人际关系的基本道德原则。"墨翟贵兼"(《吕氏春秋·不二》)。"兼",即在道德价值判断上同时兼顾两种表面互相对立的利益因素,努力探寻其中具有内在联系的共同点,体现了墨子伦理道德思想的根本特点。墨子正是以"兼爱"说为中心构成自己的道德学说体系。

墨子道德学说中最富有特色的观点有以下几个方面:

1. 兼爱

墨子的"兼爱"说,有两个最基本的含义。

一是视人若己,爱人若爱己。他在回答别人如何实行"兼相爱,交相利之法"时明确指出:"视人之国,若视其国;视人之家,若视其家;视人之身,若视其身。是故诸侯相爱,则不野战;家主相爱,则不相篡;人与人相爱,则不相贼;君臣相爱,则惠忠;父子相爱,则慈孝;兄弟相爱,则和调;天下之人皆相爱,强不执弱,众不劫寡,富不侮贫,贵不敖贱,诈不欺愚。"(《墨子·兼爱中》)"兼爱",就是把别人的国、家、身当作自己的国、家、身一样看待,同等地爱护。人们只有彼此相爱,"爱人若爱其身"(《墨子·兼爱上》),"天下之人皆相爱",才能创造和谐美好的人际关系。墨子的"兼爱"思想超越了儒家"亲亲有术""爱有差等"的"爱人"原则,否定了亲疏有别的宗法观念。

二是爱别人,才能得到别人的爱。关于"兼爱"说,墨子曾与儒家的信徒巫马子展开过一场辩论。巫马子认为,爱我本国的人胜于爱别国的人,爱我家乡的人又胜于爱本国的人,爱我家中的人又胜于爱我家乡的人,爱我父母又胜于爱我家中的人,爱我自己的身体又胜于爱我父母,愈接近我的我愈爱。如同有人打我,我会感到痛,打别人,我不感到痛。所以"有杀彼以利我,无杀我以利彼"(《墨子·耕柱》)。这种建立在人的自然感觉即"趋乐避苦"基础上的行为准则,是一切利己主义的哲学基础。墨子反驳说:鼓吹人不为己、天诛地灭的利己主义对自己一无所利,因为如果将你的利己主义加以宣传,赞成你的人必定会按照你的说法损人利己,甚至会把你杀掉,以满足他的私利;而不赞成你的人,也会因为你"施不详言"而厌弃你,甚至把你消灭掉。

墨子认为,人与人的关系是对等互报的,即"投我以桃,报之以李"。他说:"夫爱人者,人必从而爱之;利人者,人必从而利之;恶人者,人必从而恶之;害人者,人必从而害之。"(《墨子·兼爱中》)他以人们对自己的父母尽孝道为例,指出"必吾先从事乎爱利人之亲,然后人报我以爱利吾亲也"(《墨子·兼爱下》)。爱别人的父母,是使自己的父母得到爱的前提。只有爱别人的父母,才能得到别人爱自己父母的回报。所以做一个孝子,爱别人的父母如同爱自己的父母,不应有分别。因此,墨子认为,人人实行"兼爱",视人若己,爱人若爱己,不仅无损自己的利益,而且自己的利益正是只有通过爱人、利人才能得到保障。通过"兼爱",能够使"爱人"与

"爱己"、"利人"与"利己"获得统一,即"爱人不外己,己在所爱之中"(《墨子·大取》)。

墨子把"兼爱"看成是一个"仁者"所追求的最高道德理想。墨子的"兼爱"思想,是对孔子"爱人"思想的发展,反映了社会处于阶级冲突、利益竞争境况下,劳动者祈求人与人之间互相同情、互相关心、互相爱护,向往人际友爱、亲善的美好道德愿望。他坚决反对人的自私自利倾向,提倡"爱人若爱其身",体现了很高的道德境界,包含了实行人类"大同"的崇高理想。同时,我们应当看到,在存在阶级压迫和剥削的社会中,人与人之间爱的情感和行为,不可避免地受阶级利益的制约。抽象地提倡"兼爱",本质上只是一种道德空想。要在社会一切成员中真正实现"普遍的人类之爱",建立合乎人道的社会关系,只有逐步消除经济私有制和一切不合理的政治制度,推动人类社会物质和精神文明的全面进步,才具有历史的现实性。

2. 节俭

在我国的伦理思想史上,墨子第一次明确提出节俭是人类的基本美德。尽管孔子也曾提到"节用而爱民"(《论语·学而》),但儒家强调"节用以礼",即节用以维护礼制为标准,并不反对贵族统治阶级的种种奢侈浪费。墨子则从尊重人的生产劳动成果,维护劳动人民实际利益出发,提倡人们在社会生活中普遍实行节俭,把节俭看作是实行"兼爱"道德原则的一个重要方面。

在生活礼俗上,墨子坚决反对儒家的厚葬和久丧,认为这是浪费财富、贻误生产,其结果"国家必穷,人民必穷""衣食之财必不足",危及天下安宁。只有丧事从俭,才符合仁义道德。在文艺生活上,他反对国君和贵族们不顾百姓的苦难,"亏夺民衣食之财"来豢养庞大的音乐歌舞队伍,制造奢华乐器供自己纵乐享受。墨子认为:虽然人人都有"身知其安""口知其甘""目知其美""耳知其乐"的天性,但如果这种享受"上考之不中圣王之事,下度之不中万民之利"(《墨子·非乐上》),损害了百姓的利益,违背了节俭的美德,这种享受就是损人利己的行为,应予反对。墨子认为,艺术的美与道德的善是应当统一的,违背道德的娱乐享受应当禁止。在国家的财政开支上,他认为必须处处有利于民,增加开支而不增加人民的利益的行为应当制止。他说:"凡是以奉给民用则止,诸加费不加于民利者,圣王弗为。"(《墨子·节用中》)在日常生活上,他提倡衣食行居应当讲究实用,反对讲排场、比阔气的奢靡之风。他指出:穿衣之道,在于冬能防寒,夏能取凉;居住之道,在于冬避风寒,夏避暑雨;行路之道,在于车以行陆,舟以行川;饮食之道,在于保养体质,使耳目聪明(见《墨子·节用上》)。凡是不顾实用,追求浮华奇异都是浪费,对人民有害无益。一切社会财富的浪费,都是对劳动人民利益的损害。倡导节俭的美德,是对劳动人民的关心和尊重。墨子的节俭思想体现了劳动人民的利益,成为我国人民的一种传统美德。

3. 义利合一

义利之辨是我国先秦时期思想家争鸣的一个热点。孔子说:"君子喻于义,小人喻于利。"(《论语·里仁》)他的本意并非完全排斥利,但在总体上,儒家一般把"利"理解为同"仁义"对立的东西。与儒家不同,墨子把"仁义"具体化为"兼相爱,交相利"的道德原则,既"贵义",又"尚利",把讲仁义与人们对实际利益的追求结合起来,强调义利合一,把"利人""利天下"看作是追求仁义的志士最崇高的目的。

墨子认为,判断一个人的行为的义与不义、善与恶的标准,是看他的行为是"利人"还是"害人","利天下"还是"害天下",看他的行为本身对于他人、社会产生的是有利还是有害。凡是"利人""利天下"的行为,就是"义";凡是"亏人自利""害人""害天下"的行为就是"不义"。因此,墨子提出了一条行为准则:"利人乎即为,不利人乎即止。"(《墨子·非乐》)他认为,仁义作为一种至善的道德追求不是空的,而是为实现天下人的现实利益服务的。为义的"兼士",必须"有力以助人,有财以分人,有道以教人"(《墨子·尚贤下》),给他人、天下人带来实际的利益。

墨子义利合一的功利观,一方面把"尚利"即"利人""利天下"看作是"贵义"的内容、目的和标准;另一方面,又把"贵义"作为达到"利人""利天下"的"良宝"即精神手段。他说:"所谓贵良宝者,为其可以利也。而和氏之璧、隋侯之珠、三棘六异,不可以利人,是非天下之良宝也。今用义为政于国家,人民必众,刑政必治,社稷必安。所为贵良宝者,可以利民也。而义可以利人,故曰:义,天下之良宝也。"(《墨子·耕柱》)即是说:"义"之所以是天下之可贵的"良宝",在于可以"利民""利人",所以说"义,天下之良宝也"。正是在这意义上,他认为"天下莫贵于义"(《墨子·贵义》)。墨子不是把"利"理解为一己之私利,而是把它理解为他人之利、天下百姓之利;不是把"义"理解为脱离实际利益的道德教条,而是把它理解为"利人""利天下"的道德至善追求。义利合一,"贵义"与"尚利"统一,在道德理论上具有相当的进步意义,是一种独具我国传统道德特色的功利观。

唯物史观认为,正确理解的利益是整个道德的基础。人们总是自觉地或不自觉地从生产和交换的经济关系中吸取自己的道德观念。墨子的义利统一观念,较之以往把"义"与"利"对立起来的看法,在道德认识上是"可贵的一跃"。但是,墨子的义利统一观念仍不可避免地带有历史与阶级的局限。一方面,他还不能充分认识道德与利益的内在辩证关系,特别是对道德反作用于利益的社会功能尚缺乏深一层次的认识;另一方面,墨子所讲的"利天下"或"天下之利",主要代表的是当时社会中的平民和小私有劳动者的利益,而不是代表包括"耕农"在内的最广大人民群众的利益。当然,我们不能苛求于古人。

二 墨子"有道者劝以教人"的道德教育思想

墨子十分重视道德教育对人的发展所起的重要作用。他兴办私学,广招学生,以"中国家百姓人民之利"作为教育的最高目标,把培养实践"兼相爱、交相利"的"为义的兼士"作为自己的使命。

墨子在自己的教育实践中提出了一些富有启发意义的道德教育思想。

1. 人性如素丝

人的善恶品德是从哪里来的? 是先天就有的,还是后天养成的? 如何看待这样的问题,牵涉道德教育的许多根本问题。墨子认为:人性如素丝,"染于苍则苍,染于黄则黄,所入者变,其色亦变,五入则为五色矣。故染不可不慎也"(《墨子·所染》)。即是说,人的本性或品德,本来并没有善恶的区别,而是后天"所染",即受环境、师长、朋友影响、教育、熏染的结果。他以交友为例,说"其友皆好仁义,淳谨畏令,则家日益,身日安,名日荣,处官得其理矣。其友皆好矜奋,创作比周,则家日损,身日危,名日辱,处官失其理矣"(《墨子·所染》)。

墨子人性如素丝,"染于苍则苍,染于黄则黄"的观点,同告子所说的"性犹湍水也,决诸东方则东流,决诸西方则西流"是一致的,从人的品德善恶的可塑性,说明了对人影响、教育、熏染的重要性。学校的教师用怎样的道德观念和道德行为来教育学生,直接影响学生道德是非观念和个人品质的形成。

2. 有道者劝以教人

墨子在教育实践中,把"有道相教"(《墨子·天志》),将学生培养成为"兼相爱,交相利"的"为义兼士"作为自己义不容辞的职责。他把"隐慝良道而不相教诲"视为教师的大恶,把"有道者劝以教人"视为教师的大善。他认为:"有力者疾以助人,有财者勉以分人,有道者劝以教人。若此则饥者得食,寒者得衣,乱者得治。"(《墨子·尚贤下》)教师能把自己认识的"兼爱"的良道劝以教人,使天下百姓都能明此理、行此道,才能天下有序,"此安生生",人民幸福。

墨子目睹当时社会混乱、道德沦丧的现实,深知进行道德说教之不易。他指出:"今夫世乱,求美女者众,美女虽不出,人多求之。今求善者寡,不强说人,人莫之知也。"说明要人接受从善之道不易,要奋力而为,循循善诱才能奏效。世道衰微,道德沉沦,更加表明"有道者劝以教人"的重要性。他说:"行说人者,其功善亦多,何故不行说人也?"(《墨子·公孟》)

3. 志功合一

在道德教育实践活动中,怎样评价人的行为的善恶?墨子提出"合其志功而观"(《墨子·鲁问》)的评价方法。这里所谓的"志",是指行为动机,"功"是指行为的功效。"合其志功而观",即把一个人的动机与效果结合起来考察,强调动机与效果的统一。他指出,如果有两种行为,"其功皆未至",尚无功效可鉴时,应以判断"意"即主观动机的是非为准。但墨子认为,对于行为的功效也不可忽视,一种良好的道德行为,有益的功效应多多益善。同样,看一个人是否有仁义,不是看他是否懂得"仁"的概念,而更重要的是看他是否有"仁"的行动,对善恶行为能够取舍。他说:"今天下之君子之名仁也,虽禹汤无以易之,兼仁与不仁,而使天下之君子取焉,不能知也。故我曰:天下之君子,不知仁者,非以其名也,亦以其取也。"(《墨子·贵义》)

墨子强调"志功合一",主张把动机与效果统一起来,作为评价人的行为道德是非的一条原则,具有明显的合理性,为我国的道德教育形成重视言行一致、学以致用的优良传统,起了十分积极的理论先导作用。

第六章

老子以"无为"为原则的道德观和道德教育思想

老子是先秦道家的创始人,《道德经》(又名《老子》)一书,基本上反映了他的道德伦理思想。老子猛烈抨击儒墨两家的道德思想,以保存个人生命,清静无为,超脱世俗事务为最高道德原则。老子的道德学说,体现了战国时期社会政治、经济秩序大变动的境况下,一些没落贵族和遭受失败的士大夫颓唐、失望的思想情绪,也反映了以自然经济为基础的农业社会中人们因循守旧,缺乏进取精神的思想意识。在老子的道德伦理思想中尽管包含了某些合理因素,但总体上则具有消极的反文明的倾向。值得注意的是,虽然老子潜心"避世",也没有直接教授过众多的弟子,但由他开创的道家及老庄学派却对中国的传统道德生活及学校教育产生了不小的思想影响。因此,简要评述一下老子的主要道德观点和道德教育思想仍然是十分必要的。

一　老子以"无为"为原则的道德观

　　老子的道德观与孔子、墨子的道德观有明显的区别。在《道德经》中,老子关于"道"与"德"的解释有两层含义。一是在哲学意义上,"道"指世界的本原,"德"指万物的本性。他说:"道生之,德畜之,物形之,势成之。是以万物莫不尊道而贵德。"(《道德经》五十一章)意思是说,万物靠道生长出来,又靠自己的本性孕育、成长、发展,因此万物都要"尊道而贵德"。二是在伦理意义上,"道"指人类生活的最高准则,"德"指人类的本性或品德。他说:"圣人之道,为而不争。"(《道德经》八十一章)即是说,圣人以与世无争作为自己的最高生活准则。他又说:"修之于身,其德乃真。"(《道德经》五十四章)这里的"德",则是指人的品性。在老子那里,自然观与道德观是相通的。他说:"道者同于道,德者同于德。"(《道德经》二十三章)就是说,人类生活中的"道"与"德",应当以自然界的"道"与"德"为依据。老子认为,天道自然无为,人道也应依循天道,做到自然无为。正是从这样的道德观念出发,老子提出了自己一套以"无为"为原则的道德观。

老子的主要观点有以下几个方面:

1. 无为

老子把"无为"视为人类道德生活的最高原则和人的至善品德。他说:"道常无为而无不为。"(《道德经》三十七章)他认为,人人做到"无为",即素朴无欲,无所作为,即能"天下将自定"。他说:"故圣人云,我无为而民自化,我好静而民自正,我无事而民自富,我无欲而民自朴。"(《道德经》五十七章)天下统治者与老百姓都以"无为"为美德,就能天下太平,民众富裕。老子竭力称赞"无为"的品德。他指出:"生而不有,为而不恃,长而不宰,是谓玄德。"(《道德经》五十一章)意思是说,生养万物而不占为己有,为万物的成长辛劳而不居功自傲,为万物之长却不主宰万物,这才是至高至善的品德。这些话表面上是称颂作为世界的本原的"道"的,其实也是指人道的,把"无为"看作是圣人的最高美德。

老子认为,从人类到自然界都要以无为、无欲即"自然"为其活动的准则。他说:"人法地,地法天,天法道,道法自然。"(《道德经》二十五章)他认为"无为"才符合人的本性,任何"有为",都会引起社会的混乱,道德的倒退。"无为"才是自然界和人类社会发展的"大道"。他批评儒家的仁义忠孝和"礼"德,认为这些都是放弃了"无为"这个"大道"而引起的。老子说:"大道废,有仁义""国家昏乱,有忠臣"(《道德经》十八章)。他还指出:"失道而后德,失德而后仁,失仁而后义,失义而后礼。夫礼者,忠信之薄而乱之首也。"(《道德经》三十八章)。在他看来,道德的最高境界是"道"即"无为";其次是以"道"为依据的"德";第三是"仁",虽仁德有所作为,但"无以为";第四是"义",有作为、有追求;第五是"礼",完全败坏了无为的道德原则,因而礼德是最坏的,是对道德的最大背叛。

应当指出,虽然老子推行的"无为"道德原则,其目的在于"无不为",但他在总体上反对人们在现实生活中积极进取和有所作为,具有自然主义和伦理非理性主义的某些倾向,容易导致否定道德作用的后果。当然,老子在以自己的"无为"的道德观批判儒家道德学说的同时,以辩证思维观察人类的道德生活,看到了"正复为奇,善复为妖"(《道德经》五十八章)的善恶互相转化,看到了道德只是一定社会生活条件的产物,以及道德品德的层次性与关联性,这在我国伦理思想史上却是一个贡献。

2. 不争

"不争"是老子从"无为"的道德原则中引申出来的一项重要道德规范。所谓"不争",是指不与他人为名利、地位争斗,甚至不与自己的敌人争战。他说:"上善若水,水善利万物而不争""天惟不争,故无尤"(《道德经》八章)。就是说,善良的品德如流水,有利万物而不争地位,不求功名。

老子提倡"不争"的目的是"自保",避免与人竞争而伤害自己。他说:"不自见,故明。不自是,故彰。不自伐,故有功。不自矜,故长。夫惟不争,故天下莫能与之争。"(《道德经》二十二章)意思是说,一个人不坚持己见,才是明达;不自以为是,才得到显扬;不自我夸耀,才是真有功德;不自高自大,才是胜人一筹。所以,只有真正不与他人争夺功名利益的人,天下的人才无法与他争夺。老子甚至认为,即使对待敌人,也要以"不争之德"对待。所谓"善为士者不武,善战者不怒,善胜敌者不与"(《道德经》六十八章),力图"不争而善胜"。

对老子提出的"不争",我们应当作具体分析。如,在处理人与人的关系上,不争个人的名利地位,不失为一种谦虚的美德。但是,如果否认人的正当利益,甚至连集体、国家的利益、名誉也一概"不争",则必然扼杀人的积极性、上进性,阻碍个人与社会的发展与进步。在对待敌我关系上,在敌强我弱时,以"不争"为策略和手段,力求付出小的牺牲代价换取斗争的胜利,是可取的。但是,面对敌人的非正义战争,一味奉守"不争"准则,退让逃避,不敢奋起斗争,无疑是恶德。老子提出的"不争",其实质是甘居落后,放弃任何进取或斗争,保存个人的既得利益,是一种消极、落后的处世哲学。

3. 贵柔

与"无为""不争"的道德基本观点相联系,老子以柔弱作为人的美德。"老聃贵柔。"(《吕氏春秋·不二》)老子认为,柔弱是与生命、和谐、善意联系在一起的,而刚强是与死亡、对立、恶意联系在一起的,因此,他赞赏柔弱,反对刚强。他说:"人之生也柔弱,其死也坚强。万物草木之生也柔脆,其死也枯槁。故坚强者死之徒,柔弱者生之徒。"(《道德经》七十六章)

老子还用水作为例子,来赞美柔弱的品德,说:"天下莫柔弱于水,而攻坚强者莫之能胜,以其无以易主。柔之胜强,柔之胜刚,天下莫不知,莫能行。"(《道德经》七十八章)意思是说,天下的东西没有比水更柔弱的了,但是柔弱的水却能攻克一切坚韧强大的东西,没有其他的事物能与之匹敌。这个柔弱胜刚强的道理几乎人人都知晓,但是很少有人真正领悟,率身实践。老子以性情柔弱的水可以攻克坚强事物的例子,来说明他"守柔曰强""柔弱胜刚强"的道理。他把甘于柔弱作为一种美德,是要人们贵弱守雌,不要勇敢逞强。他声称"勇于敢则杀"(《道德经》七十三章),勇敢刚强反而会遭杀身之祸。

老子崇尚"濡(柔)弱谦下"的品格,看到了柔弱与刚强两种对立品格的作用在一定条件下可以互相转化,这在道德认知上是有积极意义的。但是,他片面强调了柔弱的作用,把它说成是绝对的善,否认刚强、勇敢等品德的价值,就走入了道德认识的"误区"。

4. 知足

与上述"无为"的道德原则及"不争""贵柔"的行为准则相联系,老子还把"知足"看作是人的美德。所谓"知足",即是要人们满足于自己所处的实际境遇和现有利益。"知足"是老子实行"无为"的道德原则的心理基础。

老子认为:"祸莫大于不知足,咎莫大于欲得。故知足之足,常足矣。"(《道德经》四十六章)意思是说,人如果不知足,常常招致灾祸,带来不幸。相反,满足于自己的境况和利益,就能避开祸患,反而常常能得到利益与心理的满足。老子指出,人如果不知足,贪恋功名、钱财、喜好,必然最终损害自己。求名则不爱其身,图财则有损其身,贪得则病其身。"知足不辱,知止不殆,可以长久"(《道德经》四十四章),即知足则不会遭到损辱,知其止则可以避开危险,生命也可以长久了。老子认为：知足可以长生，知足可以常乐，这是普遍规律。他说："持而盈之，不如其已，揣而锐之，不可长保。金玉满堂，莫之能守。富贵而骄，自遗其咎。功遂身退，天之道也。"（《道德经》九章）任何贪欲都会招来不幸，适得其反。因此，聪明的人应当"去甚、去奢、去泰"（《道德经》二十九章），适可而止，只有这样，才能保全自己的利益与生命。

老子把"知足"作为要求人们遵守的道德规范，在一定程度上有益于人们辩证地看待生活中的利益得失，对现实利益冲突采取应有的超然的态度，有利于缓和人与人之间关系。但是，老子的"知足"，本质上是宣扬一种满足现状、不求进取的道德观念，带有明显的消极倾向。

二　老子"使民无知无欲"的道德教育思想

老子宣扬"无为"的道德观，其目的是实现"其政闷闷，其民淳淳"的道德理想。老子给人们描绘的理想社会是"小国寡民，使民有什伯之器而不用，使民重死而不远徙。虽有舟舆，无所乘之。虽有甲兵，无所陈之。使民复结绳而用之。甘其食，美其服，安其居，乐其俗。邻国相望，鸡犬之声相闻，民至老死不相往来。"（《道德经》八十章）显然，他所追求的理想社会是早已在现实中消逝的、经过他的美化和理想化的原始社会的幻想。这既反映了当时破落贵族阶级希望逃避现实斗争，希望过一种平静生活的愿望，也多少表现了劳动人民在动荡不宁的社会中向往自由安定生活的要求。但是，这种社会理想在总体上是对人类文明进步的反动，是不符合历史发展潮流的。

老子为了在理论上论证实现这种社会理想的可能性,他提出了一套为他的道德观服务的道德教育思想。

老子的主要道德教育思想如下述:

1. 使民无知无欲

老子认为,人的知识与欲望是造成社会混乱、道德堕落的根本原因。因此,他的道德教育就是要人民"绝圣弃智"。他说:"绝圣弃智,民利百倍,绝仁弃利,民复孝慈。"(《道德经》十九章)他竭力向当时统治者宣扬的所谓"圣人之治"的具体方法是"虚其心,实其腹,弱其志,强其骨。常使民无知无欲。使夫智者不敢为也。为无为,则无不治"。(《道德经》三章)就是说,圣人治理天下,就要着力净化人民的心思,满足人民的温饱,削弱人民的志气,增强人民的体魄,经常使人民没有知识,没有欲望,使那些机智聪明的人不敢有所作为。照这种"无为"的原则行事,天下就太平了。按照老子的这套方法,就是要把人民群众训练成四肢发达、头脑简单,没有志向和追求的劳动者。

老子认为"民之难治,以其智多"(《道德经》六十五章),因而公开宣传愚民思想。老子的道德教育其实就是愚民教育。他说:"圣人在天下,歙歙焉为天下浑其心。"(《道德经》四十九章)即是说,圣人在治理天下时,都使天下的百姓心思归于浑朴,没有欲望和追求。又说:"古之善为道者,非以明民,将以愚之。"(《道德经》六十五章)意思是说,善于按照"道"的要求统治人民的,不是开化人民的心智,而是使人民闭目塞听,使民愚钝听顺,便于统治。

老子"常使民无知无欲"的思想,尽管多少包含了控制人的欲望,有利于调节人际关系的某些合理认识,但在本质上是与人类的道德进步背道而驰的。道德的进步和提高是与人类的文明进步一致的。用"愚民"的方法,使民"无知""无欲",企求人民道德淳朴,只是一种不现实的幻想。相反,这种"愚民"的思想,常常被反动统治者所利用,成为阻碍社会文明进步的策略。

2. 复归于婴儿

与"使民无知无欲"的道德教育思想相联系,老子心目中的道德理想人格是无知无欲、混沌蒙昧的婴儿。他认为,道德水平最高的圣人,就像婴儿一样。"含德之厚,比于赤子。"(《道德经》五十五章)他向往能像婴儿那样体现柔和、无欲、质朴的美德。他说:"专气致柔,能婴儿乎"(《道德经》十章)?"我泊焉未兆,若婴儿未咳"(《道德经》二十八章)。老子认为,能如婴儿之未咳,无知无欲,也就达到了"无为"的境界。因此,他认为一切道德教育和道德修养的目的,是"常德不离,复归于婴儿"(《道德经》二十八章)。

对于已受到外界各种知识、欲望影响的人,老子提出要"涤除玄览"(《道德经》十章),即清除内心这面玄奥的镜子上的灰尘,"致虚极,守静笃"(《道德经》十六章),以便达到像婴儿一样的"众人昭昭,我独昏昏;众人察察,我独闷闷"(《道德经》二十章)的境界。

老子要人们像婴儿那样,不要去学习任何知识。他说:"为学日益,为道日损,损之又损,以至于无为,无为而无不为。"(《道德经》四十八章)就是说,通过学习,每天增长知识,但对"道"的理解却会损害,所以对于知识要越摒弃越好,达到了"无为"的境界,才能无所不为。

老子提出的"复归于婴儿",实质上是教育人们从"有为"复归于"无为",取消一切认识和欲求,表现了虚无主义和道德倒退的不良倾向。

第七章

孟子以"仁义"为最高
原则的道德观和
道德教育思想

生活在战国中期的孟子以孔子的"私淑"弟子自居,在当时各种道德观念的比较、冲突中,继承和发展了孔子的伦理思想,提出了以"仁义"为最高原则的道德观,使儒家的伦理道德体系更加丰富、完备,对中国儒家伦理思想的形成和发展,起了重要的作用。孟子热爱教育事业,以"得天下英才而教育之"为人生最大快乐之一,他的道德观付诸教育实践,形成了自己的道德教育思想。

一　孟子以"仁义"为最高原则的道德观

孔子"贵仁",主张"仁""礼"结合,"克己复礼为仁"(《论语·颜渊》)。孟子继承了孔子"贵仁"的思想,但他目睹战国时代原有等级秩序不复存在,旧的礼制已失去约束作用,于是不强调"礼",而是重视"义","仁"与"义"并重,提出了以"仁义"为根本的道德规范体系。

孟子讲的"仁义"之道,以"人伦"为思想前提。他的"人伦"即"人之有道"的基本内容是"父子有亲,君臣有义,夫妇有别,长幼有叙,朋友有信"(《孟子·滕文公上》)。"人伦"(后人又称"五伦")体现了封建的等级宗法关系,表明了孟子对封建伦理关系的重视。他认为,明察了"人伦"的基本道理,就应把"仁义"作为处理社会伦理关系的最高原则。他说:"察于人伦,由仁义行。"(《孟子·离娄下》)孟子认为,实行"仁义"是做人、齐家、治国、王天下的根本保

证。他说:"天子不仁,不保四海;诸侯不仁,不保社稷;卿大夫不仁,不保宗庙;士庶人不仁,不保四体。"(《孟子·离娄上》)

孟子以"仁义"为最高道德原则,把仁、义、礼、智"四德"相统一,构建起自己的道德观念体系。

1. 仁义

孟子把"仁义"看作是最高道德原则。他对"仁义"的阐释主要有以下三层含义:

其一,"仁义"是爱亲,敬长。孟子的仁义说是以鲜明的家族道德为基础的。他说:"仁之实,事亲是也。义之实,从兄是也。"(《孟子·离娄上》)又说:"亲亲,仁也;敬长,义也。"(《孟子·尽心上》)孟子认为,仁义是从爱护、敬重自己的亲人、长辈开始,扩大为爱护、敬重社会上的其他长者、长辈,特别是国君。他说:"未有仁而遗其亲者也,未有义而后其君者也。"(《孟子·梁惠王上》)但是,孟子主张"事君以义",劝君为善、为义,而不是投合国君的好恶。他说:"唯大人为能格君心之非。"(《孟子·离娄上》)孟子还认为,讲仁义,不仅要"敬长",还要"敬人",恪守自己的本分,尊重别人的权利。他说:"人皆有所不忍,达之于其所忍,仁也。人皆有所不为,达之于其所为,义也。"(《孟子·尽心下》)就是说,人都有同情心,推而广之,同情一切人的不幸,就是仁。人都有不应做的事,知道了这一点,就要去做应当做的事,这就是义。

其二,"仁义"是爱人,仁民。孟子主张的仁义,由"爱亲"推及"爱人",由"爱人"进而主张"仁民"。这是他对孔子仁爱思想的发展。他说:"仁者爱人,有礼者敬人。爱人者恒爱之,敬人者人恒敬之。"(《孟子·离娄下》)他还特别强调,统治者应以"仁义"作为最高道德准则,爱护百姓,实行"仁民",推行"仁政"。他说:"老吾老以及人之老,幼吾幼以及人之幼,天下可运于掌。"(《孟子·梁惠王上》)他主张"亲亲而仁民,仁民而爱物。"(《孟子·尽心上》)他指出:"推恩足以保四海,不推恩无以保妻子。古之人所以大过人者无他焉,善推其所为而已矣。"(《孟子·梁惠王上》)即是说,国君应当把爱亲人之心,推广爱天下人,行仁政。"推恩"就是"仁民""以德行仁"。他的"仁民"思想是主张"仁政"的道德基础。为了"仁民",他倡导"制民之产",使老百姓得到物质上的实惠,"仰足以事父母,俯足以畜妻子,乐岁终身饱,凶年免于死亡"(《孟子·梁惠王上》)。尽管孟子仍主张"于民也,仁之而弗亲""爱有差"等,但他以爱敬解释仁义,提倡爱人、仁民,以关心、体恤人民疾苦作为人的最高美德,对于我国社会伦理观念的进步,具有一定的积极意义。

其三,"仁""义"统一,仁为人心,义为人路。他说:"仁,人之安宅也;义,人之正路也。"(《孟子·离娄上》)"仁,人心也;义,人路也。"(《孟子·告子上》)意思是说,仁是爱人之心,是人心必须常居而勿失的根本所在;义是人按照仁爱的要求而行动时应当遵循的原则规范,也即"居仁由义"(《孟子·尽心上》),达到"仁"与"义"的统一。"仁"要求人们"爱人",而"义"则规定"爱人"的界限,不是盲目地爱一切人,而是爱应当爱的人,恶应当恶的人,这才真正符合"仁义"的根本精神。这在道德认识上是有新意的。

2. 四心

孟子以"仁义"为最高道德原则,提出了以仁、义、礼、智为基本内容的道德规范体系。与孔子的"天生德于予",把道德来源归之于"天命"不同,孟子强调仁、义、礼、智这些基本道德是人心固有的。他认为,"仁义礼智根于心"(《孟子·尽心上》),即是说,仁、义、礼、智这"四德"根植于自己的内心,源于人类与生俱来的心理体验。

孟子指出:"所以谓人皆有不忍之心者。今人乍见孺子将入于井,皆有怵惕恻隐之心。非所以内交于孺子之父母也,非所以要誉于乡党朋友也,非恶其声而然也。由是观之,无恻隐之心,非人也;无羞恶之心,非人也;无辞让之心,非人也;无是非之心,非人也。恻隐之心,仁之端也;羞恶之心,义之端也;辞让之心,礼之端也;是非之心,智之端也。人之有是四端也,犹其有四体也。"(《孟子·公孙丑上》)即是说,人都有"恻隐之心",即真诚的同情心理,如见到别人的小孩面临落井的危险时,不顾个人的名利而自然想去救助,这是"仁"德的开端;"羞恶之心",即羞耻感和憎厌别人为恶的心理,是"义"德的开端;"辞让之心",即恭敬尊长的心理,是"礼"德的开端;"是非之心"即分辨是非善恶的心理,是"智"德的开端。孟子认为,是否具有"恻隐之心""羞恶之心""辞让之心""是非之心"是人与动物的根本区别,这"四心"即"四端",是人仁、义、礼、智"四德"的来源。

孟子在反复强调人皆有"四心"并因而易于产生"四德"时指出:"仁义礼智,非由外铄我也,我固有之也,弗思而已。故曰:求则得之,舍则失之。或相倍蓰而无算者,不能尽其才者也。"(《孟子·告子上》)意思是说,个人的仁义礼智的道德,不是由于外界环境的影响而形成的,而是个人内心固有的。如果向自己的内心求索,能获得这些美德,人与人之间之所以有仁义礼智上的差别,不是由于"四心"的不同,而是有人"尽其才",向内心求善,而有人却"不能尽其才",向内心求善不够。

孟子把"四心"作为"四德"的道德心理基础,并把这种"不虑而知"的"良知"和"不学而能"的"良能"(《孟子·尽心上》)合称为"良心"(《孟子·告子上》),形成了他的主观唯心主义的道德起源论。马克思主义唯物史观认为,道德来源于人们的物质生活条件和社会实践。尽管孟子的这个观点是错误的,但他借助于人们质朴的道德情感来解释道德的来源,便于人们对道德的理解和接受,在道德实践上具有一定的意义。

3. 人性善

性善论是孟子整个道德学说的基础。与他的"四心"说相一致,孟子在对人性的根本看法上持"人性本善"的观点。

战国时期,各种人性理论纷纷争鸣。告子认为,人性的善恶不是先天就固有的,而是后天形成的。他说:"性,犹湍水也,决诸东方则东流,决诸西方则西流。人性无分于善不善也,犹水之无分于东西也。"(《孟子·告子上》)意思是说,人性好比是急流的水,你往东方引导,它就往东方流,你往西方引导,它就往西方流。人性没有天生的善与不善,它的趋向善还是趋向恶,完全是由社会环境决定的。孟子反驳说:"水信无分于东西,无分于上下乎?人性之善也,犹水之就下也。人无有不善,水无有不下。今夫水,搏而跃之,可以过颡;激而行之,可使在山。是岂水之性哉?其势则然也。人之可使为不善,其性亦犹是也。"(《孟子·告子上》)这是说,人性本善,犹如水性天然就下。人性没有天生不善的,如同水性没有天然不就下的。至于有些人做不善的行为,不是其本性不善,而是犹如水流遇到山石阻挡而上行,是由于自己主观努力不够,被形势左右的结果。

孟子主张"性善",力图强调仁义道德与人的本性一致。顺着人的本性,人的行为是善的。但是孟子的性善论,并没有否认后天环境对人性的影响。他说:"富岁子弟多赖,凶岁子弟多暴。非天之降才尔殊也,其所以陷溺其心者然也。"(《孟子·告子上》)意思是说,人的天赋材质没有什么差别。丰年懒惰的人多,灾年暴虐的人多,是由于环境侵害了人的善心。孟子的性善论,认为善的本质是先天就有的,为他的以仁义为最高原则的道德论提供了理论基础。同时,他承认恶的品质是后天人为的结果,承认人的品性的可变性,重视后天的社会环境与教育对人性的影响,具有其合理因素。这也许与他的母亲对他从小严格教育,为了他养成良好的道德品质,"断机杼""三次择邻",有一定的关系。

4. 去利怀义

孟子把"仁义"作为处理各种利益关系的最高准则,在义利关系上,他提出了"去利怀义"的道德价值观。孟子认为"怀利"与"怀义"是互相对立的。"怀利"会激发人的私利、私欲,破坏人伦关系。如果人人以"利"作为行动的目的,就会危害家庭、国家的稳定与安宁。他说:"为人臣者怀利以事其君,人为子者怀利以事其父,为人弟者怀利以事其兄,是君臣父子兄弟终去仁义的怀利以相接,然而不亡者,末之有也。"(《孟子·告子下》)相反,如果倡导"去利怀义",人人以"仁义"作为行动的根本指南,那么社会就会人伦有序、家国安泰。他说:"为人臣者怀仁义以事其君,为人子者怀仁义以事其父,为人弟者怀仁义以事其兄,是君臣父子兄弟去利怀仁义以相接也,然而不王者,末之有也。"(《孟子·告子下》)孟子认为,"利"与"欲"不可公开提倡。他对梁惠王说:"何必曰利?亦有仁义而已矣。王曰何以利吾国,大夫曰何以利吾家,士庶人曰何以利吾身,上下交征利,而国危矣。"(《孟子·梁惠王上》)意思是说,不必多讲利,讲仁才是根本。如果人人讲"利吾",追求利益,人与人之间势必尔虞我诈、互相争夺,危及天下。

孟子把人们以"为义"（"为善"）还是以"为利"作为自己的行为目的，看作是区别道德上的"君子"与"小人"的一把基本尺度。他说："鸡鸣而起，孳孳为善者，舜之徒也；鸡鸣而起，孳孳为利者，跖之徒也。欲知舜与跖之分无他，利善之间也。"（《孟子·尽心上》）在义与利的关系上，孟子坚持与发展了孔子的道义论观点，倡导"去利怀义"。他把"义"称之为"良贵""天爵"，认为这是比名誉、地位、财富，甚至自己的生命更宝贵的东西。他说："鱼，我所欲也，熊掌亦我所欲也，二者不可得兼，舍鱼而取熊掌者也。生亦我所欲也，义亦我所欲也，二者不可得兼，舍生而取义者也。"（《孟子·告子上》）孟子"去利怀义""舍生取义"的道德价值观，为我国传统道德中理想人格的确立起了积极的作用。

二　孟子"存心养性"的道德教育思想

孟子十分重视学校的道德教育作用，认为设立学校的根本目的是"明人伦"，培养人的优秀品质。他说："设为庠序学校以教之。庠者，养也；校者，教也；序者，射也。夏曰校，殷曰序，周曰庠。学则三代共之，所以明人伦也。"（《孟子·滕文公上》）孟子第一次明确提出道德教育是学校教育的首要任务。他从天赋道德论和性善论出发，提出了把"存心养性"作为当时新兴地主阶级培养"大丈夫"的道德教育思想。

与其他思想家、教育家作比较，孟子以下两方面的道德教育观点很有特色。

1. 存心养性

所谓"存心养性"，是指保持人的天赋"良心"和道德理性，尽力使之不受外界的不良影响，并不断充实完善。这是孟子道德教育论的一个主要观点。他认为，人心本善，"仁义礼智根于心"，因此，道德教育的任务就是"存其心，养其性"（《孟子·尽心上》）。他认为：仁义之心是每个人都有的。"虽存乎人者，岂无仁义之心哉？"（《孟子·告子上》）还说："君子所以异于人者，以其存心也。君子以仁存心，以礼存心。"（《孟子·离娄下》）反之，有些人平时不重视道德上的进取，"仁义之心"就会逐渐丧失，"夜气不足以存，则其违禽兽不远矣"（《孟子·告子上》）。孟子认为，人性本善，但善心可失；一旦人失去了"仁义之心"，则与禽兽差不了多少，"人无仁义，无异于禽兽"。因此，他提出用"尽心""知性"的方法，即发挥人的理性的作用来"存心"。

那么，怎样来"存心"呢？孟子认为，一是"求放心"，即把忘掉、失去的善性、良心找回来。他说："学问之道无他，求其放心而已矣。"（《孟子·告子上》）道德教育，就是启发人的良心，"求其放心"。二是"思则得之"，即通过内心理性的自我认识来保持人的善良之心。孟子认为，人只靠感官来认识事物，不进行思考，容易受役于物欲和利己心，丧失仁、义、礼、智这些根本的道德。必须运用理性思考的能力进行内在的反省，才能保存自己的仁义之心。他说："耳目之官不思，而蔽于物。物交物，则引之而已矣。心之官则思，思则得之，不思则不得也。此天之所与我者。先立乎其大者，则其小者不能夺也。"（《孟子·告子上》）这是说，人的耳目不会思考，常会受外物的引诱。听由耳目与外物接触，就会失去良心。存在于人内心的良心，要靠人发挥理性思考作用才能得到。只有从内心首先领悟了仁义这个大道理，人心才不会被一些琐常的物欲所占有。

孟子"存心养性"的道德教育思想,强调激发人的主观能动性,借助理性的反思来提高人的道德境界,具有一定的合理因素。但是,他忽视了社会实践对正确道德观念确立与发展的重要意义,脱离道德实践中的感性经验,陷入主观唯心论的迷途。

2. 培养大丈夫人格

孟子从事教育实践活动,目的是为社会培养躬行"仁义"的"大丈夫"。他以生动扼要的赞赏言词来描绘自己心中的理想人格。他说,这种理想的人物,"居天下之广居,立天下之正位,行天下之正道;得志与民由之,不得志独行其道;富贵不能淫,贫贱不能移,威武不能屈,此之谓大丈夫"(《孟子·滕文公下》)。意思是说,真正的大丈夫,他住的是"仁"这个天下最宽广的安宅,立的是"礼"这个天下最正中的位置,行的是"义"这个天下最宽阔的大道。得了志,就同天下百姓共行这个"仁义"之道;不得志,就一个人独行"仁义"之道。富贵不能淫,贫贱不能移,威武不能屈,志笃心坚,奋然而行。

孟子给人们描绘的大丈夫人格具有道德的积极激励意义:

第一,大丈夫把"济天下"、为百姓谋利益作为自己的崇高志向。他主张:"得志,泽加于民;不得志,修身见于世。穷则独善其身,达则兼善天下。"(《孟子·尽心上》)在封建社会中,王公贵族夺权夺利,百姓利益得不到关心。孟子公开倡导把"泽加于民""兼善天下"作为大丈夫的最高志向,非常难能可贵。

第二,大丈夫"善养吾浩然之气"。什么是"浩然之气"?孟子说:"其为气也,至大至刚,从直养而无害,则塞于天地之间,其为气也,配义与道;无是,馁也。是集义所生,非义袭而取之也。"(《孟子·公孙丑上》)就是说,大丈夫有"塞于天地之间"的浩然正气和刚正不阿的气节。心怀仁义之道,勇往直前,无所畏惧。

第三,大丈夫面对逆境而"忍性",不动摇自己的信念。孟子认为,一个道德高尚的人,身临逆境,应不怕艰难困苦,不顾个人得失甚至身体的磨难,应"动心忍性",磨炼自己的品性,坚持自己的崇高追求。他说:"故天将降大任于斯人也,必先苦其心志,劳其筋骨,饿其体肤,空乏其身,行拂乱其所为,所以动心忍性,曾益其所不能。"(《孟子·告子下》)

尽管孟子的大丈夫理想人格学说受到他的伦理思想与政治理想的限制,本质上是为地主阶级的利益服务的。但是,他推崇的这种以"兼善天下"为志向,具有"富贵不能淫,贫贱不能移,威武不能屈"等高尚品质的大丈夫,几千年来,对我国历代仁人志士产生了积极的影响。大丈夫理想人格中所包含的积极道德因素,至今仍值得我们汲取。

第八章

荀子以"礼"为最高行为
准则的道德观和
道德教育思想

荀子是我国先秦时期最后一位儒学大师，但他不拘于儒学一说，集撷诸子学说之长，成为先秦唯物论的集大成者。在伦理学说上，他以"礼"为核心，以"性恶"论为基础，主张"以礼制利"。他一生主要从事教育活动。在道德教育方面，他提出了"化性起伪"等一系列重要思想。荀子是以古代唯物主义处理道德问题的代表人物，他的道德观和道德教育论与以往儒家诸子相比有不同的特色。

一　荀子以"礼"为最高行为准则的道德观

荀子继承和发展了孔子"克己复礼为仁"的思想。"隆礼"，即把"礼"看作是个人及整个社会生活的最高行为准则。他说："人无礼则不生，事无礼则不成，国无礼则不宁。"(《荀子·修身》)就是说，"礼"是修身、行事、治国的根本。他把"礼"看作是道德的最高原则和境界，他说："礼者，法之大分，类之纲纪也，故学至乎礼而止矣。夫是之谓道德之极。"(《荀子·劝学》)同时，荀子还把"礼"看作是人类行为活动应当依循的最高准则和规矩。他说："故绳者，直之至，衡者，平之至；规矩者，方圆之至；礼者，人道之极也。"(《荀子·礼论》)孔子讲仁礼结合，孟子重仁义，荀了则崇礼。荀子从社会生活的实践出发解释"礼"的含义、起源和作用，并以"礼"为核心，确立了独具特色的道德观念体系。

荀子的主要道德观包括以下几个方面：

1. 隆礼

受当时法家的影响,荀子与孔孟不同,肯定法在社会生活中的重要作用,并把"礼"与"法"看成是社会生活中制约人们行为的两大基本规范。他说:"治之径,礼与刑,君子以修百姓宁。"(《荀子·成相》)还说:"君人者,隆礼尊贤而王,重法爱民而霸,好利多诈而危。"(《荀子·大略》)但是,荀子以为,"礼"与"法"比较,"礼"高于"法"。如果只讲法治,不讲礼治,单单借助于"暴察之威",而没有礼治的"道德之威",百姓只畏于刑罚,心中无礼义,一有机会,社会就要大乱。

因此,他认为,只有以礼义为本,法治才能奏效。礼义是立法的基础。他说:"故礼及身而行修,义及国而政明,能以礼挟而贵名白,天下愿,令行禁止,王者之事毕矣。"(《荀子·致士》)就是说,不论是个人还是国家,如果都能普遍遵守礼义,就会政通人和,令行禁止,天下平安。对个人来说,爱好礼义,其行为自然合法。他说:"隆礼,虽未明,法士也。"推崇礼义,即使不具体知道法律条文,也会遵守法律。在这里,荀子看到了"礼"作为一种人们内在生活准则的规范意义。

荀子所尊崇的"礼"有两个最基本的含义。一是指封建人伦等级秩序。他说:"礼者,贵贱有等,长幼有差,贫富轻重缘有称者也。"(《荀子·富国》)就是说,使人与人之间的贵贱、长幼、贫富等差别有序,各守规矩,这就是礼。二是指人们应当遵守的最高行为准则和社会道德规范。如上所述,他认为,礼是"道德之极""人道之极"。他认为,礼是最高的行为准则,统率其他的道德规范。他说:"礼也者,贵者敬焉,老者孝焉,长者弟焉,幼者慈焉,贱者惠焉。"就是说,以礼统率忠、孝、悌、慈、惠等具体道德规范。

那么，礼是怎么来的？为什么要"隆礼"？与孟子的"仁义礼智于心"的主观唯心主义的解释不同，荀子认为"礼"即社会道德规范，不是人的内心固有的东西，而是在客观社会生活中形成和发展起来的，不以个人的好恶为转移的。

荀子认为，礼的起源与作用主要在于两个方面：

一是"群居和一"。这是荀子从人类群居生活的需要来分析"礼"的起源和作用。他认为，人与禽兽不同的最大特点是"人有气、有生、有知亦且有义"，并且能过群居生活。他说："人何以能群？曰：分。分何以能行？曰：义。故义以分则和，和则一，一则多，多力则强，强则胜物。""故人生不能无群，群而无分则争，争则乱，乱则离，离则弱，弱则不能胜物；故宫室不可得而居也，不可少顷舍礼义之谓也。"（《荀子·王制》）意思是说，人类的群居之所以可能，在于各人恪尽自己的本分和职守。人有了礼义，分辨各人的职分，才能和睦团结，有力量战胜自然物。没有礼义，人类争乱离弱，无法与自然界抗衡。礼义产生于人类群居生活的客观需要，有利于与自然界作斗争。

二是"礼以养情"。这是荀子从人的物质情欲的无限性与客观社会物质条件的有限性的矛盾，来分析礼义的起源与意义。他说："礼起于何也？曰：人生而有欲，欲而不得，则不能无求，求而无度量分界，则不能不争。争则乱，乱则穷。先王恶其乱也，故制礼义以分之，以养人之欲，给人之求。使欲必不穷乎物，物必不屈于欲，两者相持而长，是礼之所以起也。故礼者养也。"（《荀子·礼论》）就是说，人都有无限的"好利"之欲，但是，人们所求的物质财富却是有限度的。这种人的欲望的无限性和物质财富的有限性的矛盾，必然造成社会秩序的混乱和财富的匮乏。于是就有圣人出来

"制礼义以分之",即确定人们的社会等级关系和行为规范,按照礼义的要求分配社会的财富。他说的"礼以养情""礼义文理之所以养情也"(《荀子·礼论》),是指运用礼义这样的基本道德规范,使人的情欲既能得到满足,又要对自己的情欲进行节制,以协调人与人之间的关系。

很显然,荀子把"礼"看作是维系人与人之间关系的最基本的道德规范。他倡导"隆礼",就是要人们重视道德作为人们内在行为准则的价值。荀子从社会生活的实践出发,解释"礼"即道德的起源与作用,对于我国古代伦理思想的发展做出了十分有益的贡献。

2. 人性恶

与孟子一样,人性论也是荀子的道德学说的理论基础。同孟子的"性善"论相对立,荀子主张"性恶"论。荀子的"性恶"论比孟子的"性善"论在理论分析起点上的高明之处,在于他首先对什么是"性"与"伪"进行"正名",给予"性伪之分"的理论界说。

他明确指出:"生之所以然者谓之性。性之和所生,精合感应,不事而自然谓之性""心虑而能为之动谓之伪。积虑焉、能习焉而后成谓之伪"(《荀子·正名》)。就是说,"性"是"生之所以然"的东西,是人的生理和心理的自然本能。"伪"是人为的东西,是人通过后天的"积虑""能习"而形成的品质。性是属于自然而然的东西,是与人的后天学习、努力相对立的。荀子说:"凡性者,天之就也,不可学,不可事。礼义者,圣人之所生也,人之所学而能,所事而成者也。不可学,不可事之在天者,谓之性;可学而能,可事而成之在人者,谓之伪。是性伪之分也。"(《荀子·性恶》)他坚持"性伪之分",把礼义道德与人的自然人性区别开来,否定了孟子的道德先验论。

荀子从自然人性的观点出发,指出人具有"心好利""好利恶害"的生理本能和心理倾向。他说:"若夫目好色,耳好声,口好味,心好利,骨体肤理好愉佚,是皆生于人之性情者也。"(《荀子·性恶》)还说:"凡人有所一同:饥而欲食,寒而欲暖,劳而欲息,好利而恶害,是人之所生而有也,是无待而然者也,是禹桀所同也。"(《荀子·荣辱》)从这些人的自然本性出发,他得出了人性恶的结论。他认为"今人之性,生而好利焉,顺是,故争夺生而辞让亡焉;生而有疾恶焉,顺是,故残贼生而忠信亡焉。生而有耳目之欲,存好声色焉,顺是,故淫乱生而礼义文理亡焉。然则从人之性,顺人之情,必出于争夺,合于犯分乱理而归于暴,故必将有师法之化,礼义之道,然后出于辞让,合于文理,而归于治。用此观之,然则人之性恶明矣,其善者伪也"。就是说,顺从人的"好利""好声色"等自然本性发展,就必然产生争夺、淫乱等恶行。因此,人的自然本性是恶的,善则是人为的结果,"伪而生礼义"(《荀子·性恶》)。

应当指出,荀子以明于"性伪之分"的唯物主义观点,把人性理解为人的自然属性,把"善"即道德观念理解为人后天努力的结果,从而否定了孟子的"仁义礼智根于心"的主观唯心主义道德先验论,这在道德认识上是具有进步意义的。但是,同时他又把人的自然本性归之于"恶",没有进一步认识到人的自然属性与社会属性的区别,不懂得人的善恶观念都不是天赋的,而是在社会实践中形成的,因此在"恶"的来源上,同样犯了天赋道德论的错误。尽管如此,荀子的性恶论肯定了人的自然情欲在历史变革中的意义,有利于当时的新兴地主阶级为自身的利益完成封建变革,实现统一大业。荀子的"性恶"论,一方面为他的道德教育论提供了较为深刻的基础,一方面有利于新兴地主阶级谋求自己的政治和经济利益。正如黑格尔指出的"当人们说人本性是恶的这句话时,是说出了一种伟大得多的思想"①。

3. 以义制利

在义与利的关系上,荀子提出"以义制利"(《荀子·正论》),即以道德礼义节制人的利欲的基本准则。一方面,荀子认为,人的"好利""好声色"的自然本性是天生的。"性"的实质就是"情",而"情"的表现就是"欲"。所以,人有求利欲望,这是性情的必然。他说:"性者天之就也,情者性之质也,欲者情之应也。以所欲为可得而求之,情之所必不免也。"(《荀子·正名》)在荀子看来,人是一种自然的存在物,人有利欲是十分自然而然的。只要是人,上至天子下至百姓,都有求利之欲,是不可能去掉的。

另一方面,荀子又认为,人的利欲是无止境的,社会财富却是有限的,人的利欲实际上难以得到充分的满足,因此人们对于利欲必须有所节制。"以义制利",才能调节人的利欲无限性与社会的财富有限性之间的矛盾。他说:"欲虽不可尽,可以近尽也;欲虽不可去,求可节也。所欲虽不可尽,求者犹近尽;欲虽不可去,所求不得,虑者欲求节也。道者,进则近尽,退则节求,天下莫之若也。"(《荀子·正名》)就是说,人的自然情欲,虽然不可能充分满足,但可以尽量得到满足;虽然不可能去掉,但可以努力加以节制。依靠礼义道德这些求利和节制利欲的规范,才既可能恰当地满足人的情欲,又可合理地节制人的情欲。

荀子"以义制利"的义利观,是其上面提到的"礼以养性"的道

① 参见《马克思恩格斯选集》第4卷,人民出版社1972年版,第233页。

德价值观的一种体现。如前所述,荀子虽然肯定人有"好利""好声色"等自然情欲,但他同时又认为,人与动物的区别,是"人有气、有生、有知并且有义"。正是人"有义",才能使人类"群居和一",进行有序的社会生活。他指出"义与利者,人之所两有也。虽尧舜不能去民之欲利,然而能使其欲利不克其好义也。虽桀纣亦不能去民之好义,然而能使其好义胜其欲利也。故义胜利者为治世,利克义者为乱世"(《荀子·大略》)。荀子"以义制利"的义利观,主张在以礼节欲的前提下"义利两有",功利的获得以"礼义"为条件,应当"先义而后利"(《荀子·荣辱》)。这样既克服了纵欲主义和极端功利主义的错误,又避免了禁欲主义和"寡欲"说的消极倾向。荀子"以义制利"的义利观,显然汲取了儒家"见利思义"说、墨家"贵义""尚利"说、法家的人性自然"趋利避害"说等各种学术观点中的合理成分,在先秦诸子的义利之辨中,具有批判的总结意义。

二 荀子"化性起伪"的道德教育思想

与孟子的道德先验论不同,荀子认为人的道德观念和道德品质的形成不是天赋的,而是后天人为的结果。他认为,人的自然本性是恶的,"其善者伪也"(《荀子·性恶》)。所谓"伪",是指人在社会生活中"可学而能,可事而成"的人为,包括学习和教化。荀子在自己朴素唯物主义的反映论道德观基础上,提出了"化性起伪"的道德教育论,为我国古代社会的学校提供了较为系统的道德教育理论基础和实践方法。

1. 化性起伪

荀子认为,人虽然生而具有"好利"之性,不可去掉,"然而可以化也"；人虽然并非生而就有礼义道德，"然而可以为也"（《荀子·儒效》）。他明确指出："凡人之性者，尧舜之与桀跖，其性一也，君子之于小人，其性一也。"（《荀子·性恶》）那么，为什么会有尧舜与桀跖、君子与小人这样道德品性上的天壤之别呢？他说："凡所贵尧禹、君子者，能化性起伪。伪起而生礼义，然则圣人之于礼义积伪也，亦犹陶埏而生。"（《荀子·性恶》）就是说，尧舜、君子之所以能有宝贵的品德，这是他们"化性"，即对人的自然本性进行改造加工的结果。圣人经过在社会生活中的实践，逐步认识和确立礼义道德，正如陶匠用水和土制作砖瓦一样。这就是荀子著名的"化性起伪"说。

荀子不承认包括圣人在内的所有的人具有什么天赋的道德观念，肯定人的本性是恶的，但能经过主观的努力、"修身"和教化，改变自己的本性，成为道德高尚的人。他说："好荣恶辱，好利恶害，是君子、小人之所同也，若其所以求之之道则异矣。"（《荀子·荣辱》）荀子的"化性起伪"说为他站在朴素唯物论的反映论的立场上提出具体的道德教育和修养的方法奠定了坚实的基础。

2. 强学而求

荀子认为"强学而求"，即通过坚持不懈的努力学习懂得礼义，是改化人性、培养美德的根本途径和方法。他说："今人之性固无礼义，故强学而求有之也。性不知礼义，故思虑而求知之也。"（《荀子·性恶》）意思是说，礼义道德不是人的自然本性中所固有的，所以人要通过后天的学习、培养才能具备，人的自然本性也不懂得遵守礼义道德的重要性，所以人要在实践中借助理性的思考才能认识和掌握。

荀子还认为，人并不像孟子所说的那样，有什么天生的"良知"

"良能"，整天苦思冥想，不善于在实践中学习，不可能提高自己的道德品质。他说："吾尝终日而思矣，不如须臾之所学也；吾尝跂而望之，不如登高之博见也。登高而招，臂非加长也，而见者远；顺风而呼，声非加疾也，而闻者彰。假舆马者，非利足也，而致千里；假舟楫者，非能水也，而绝江河。君子生非异也，善假于物也。"（《荀子·劝学》）这里，他通过许多生动的比喻，说明了学习的重要性。他特别强调，君子并不是天生有不同于凡人的智慧，并不是生而知之，而是"善于假物"，即善于学习各种有益的知识，凭借外在的有利条件，增长才干，提高自己的品性。

荀子认为，尽管人性是恶的，但通过自己的学习，就可以成为道德高尚的人。他强调"学不可以已""君子博学而日参省乎己，则知明而行无过矣"（《荀子·劝学》）。学习一生也不能停止，君子广泛地学习包括礼义道德在内的各种知识，严格要求自己，就能在思想上明白什么是正确和错误，避免行为的过失。荀子认为，在一切学习的知识中，最重要的是学习礼义道德，要确立"学至乎礼而止"的境界。

3. 积善成德

荀子认为，良好的道德品质是由于"注错之当"，即选择适当的行为举止，养成行为习惯，专心一致不断积累起来的。他说："注错习俗，所以化性也；并一而不二，所以成积也，习俗移志，安久移质。"（《荀子·儒效》）正因为人性可以通过培养良好的行为习惯来加以改变，所以美德的养成，实际上是一个逐步培养和积累的过程。普通的百姓只要努力学习，积累善行，也可以成为圣人。荀子说："故积土而为山，积水而为海，旦暮积谓之岁，至高谓之天，至下谓之地，宇中六指谓之极。涂之人百姓，积善而全尽谓之圣人。彼

求之而后得,为之而后成,积之而后高,尽之而后圣。故圣人也者,人之所积也。"(《荀子·儒效》)

显然,荀子认为,人的品德不是天生的,而是"俗之所积",通过选择正确的行为,培养良好的风俗、习惯,可以积善成德,"涂之人可以为禹"(《荀子·性恶》),坚持了唯物论的反映论,这对于我们如何培养人的完美道德人格,具有很好的启发意义。

4. 师贤师

荀子认为,学识渊博、品行高尚的教师在道德教育中具有重要作用,一个人想要在道德上不断进取,应当"师贤师",即向深谙礼义之道的教师学习。他说:"礼者所以正身也,师者所以正礼也。无礼,何以正身? 无师,吾安知礼之为是也? 礼然而然,则是情安礼也。师云而云,则是知若师也。师安礼,知若师,则是圣人也。"(《荀子·修身》)意思是说,礼义道德是人们应当遵循的行为基本规范,教师则是正确理解礼义道德的人。没有礼义,就不知道如何正确行动;没有教师,就不知道按照礼义行动的合理性。按照礼义而行动,人的天性情欲就能恰当地得到调适。如能像教师一样行礼义、知礼义,就是一个道德高尚的人了。

荀子把天、地、君、师看作是"礼之本",认为教师在整个社会中享有崇高的地位,人们要积善成德,就应当"隆师"。他指出"故有师法者,人之大宝也;无师法者,人之大殃也。人无师法,则隆性矣;有师法,则隆积也"(《荀子·儒效》)。意思是说,教师和礼义,是人生最宝贵的东西,没有教师和礼义,是人生的最大祸害。不向教师学习,不懂礼义,就必然恣其情欲而为恶,向教师学习,懂礼义,就会重视积善成德而为善。荀子师贤师的思想,是对孔子"择仁而处"思想的发展。教师的一言一行对学生的道德品质的形成和发展起着潜移默化的影响。他提倡学生"师贤师",发挥教师在道德教育中的表率和引路人的作用,是一种很有价值的道德教育思想。

5. 知不若行

荀子的道德教育思想有一个鲜明特点,就是他不仅重视"学",以达到"知"礼义道德,而且十分强调道德实践的重要性,提出了"知之不若行之"的重要观点。他说:"不闻不若闻之,闻之不若见之,见之不若知之,知之不若行之。学至于行而止矣。行之,明也,明之为圣人。圣人也者,本仁义,当是非,齐言行,不失毫厘,无它道焉,已乎行之矣。故闻之而不见,虽博必谬;见之而不知,虽识必妄;知之而不行,虽敦必困。"(《荀子·儒效》)主要意思是说,闻、见、知、行是人们学习仁义道德的四个阶段。"行"不仅是道德学习的最高阶段,而且"行"高于"知"。这是因为,只有率身实践自己知道的礼义道德,才能对什么是礼义道德更加认识深刻,真正掌握礼义道德,成为道德高尚的人。只有把道德认识付诸实践,才是对道德真正的认识。知而不行,必然陷入谬妄困惑,对人的道德增进并无益处。

荀子认为,道德上坚持知行合一,能够不断提高人的道德觉悟。在道德实践中锲而不舍,积善成德,可以达到"神明自得,圣心备焉"的崇高道德境界。荀子的"知之不若行之"包含着重视在社会实践中改善人的道德品行的思想,表现了当时新兴地主阶级奋发向上的道德进取精神。坚持知行合一、学以致行是我国传统道德教育论中的精华之一。

第九章

董仲舒"天人合类"的道德观和道德教育思想

生活在西汉初期的大思想家董仲舒,以"天人合类"的神学目的论为理论基础,对以"三纲五常"为核心的儒家道德学说作了神学宇宙论的论证,赋予封建道德以至高无上的神圣品格,从而建立了一个庞大的神学唯心主义的伦理思想体系。董仲舒"罢黜百家,独尊儒术"的建议为汉武帝采纳,从此,神化了的儒家道德学说被作为汉代乃至整个中国封建社会道德教育的正统思想。董仲舒的道德观和道德教育思想,反映了处在上升时期的封建地主阶级巩固中央集权的需要,有利于促进国家的统一和社会的安定,在历史上起过一定的进步作用。但是,随着封建地主阶级日趋没落,他的伦理思想日益成为社会发展的阻力。批判地分析董仲舒的道德观和道德教育思想,对于我们认识中国封建社会道德思想的实质和"德治"经验不无裨益。

一　董仲舒以"天人合类"为特征的道德观

　　董仲舒对中国封建社会道德建设的贡献,在于他为了适应中国封建社会"大一统"的需要,对儒学伦理思想进行具有神学色彩的理论论证,把儒家伦理道德观念,正式改造成为封建社会占统治地位的"统治阶级的道德"。他以"天人感应""天人合类"说作为自己道德的哲学基础,颠倒自然与精神的关系,认为道德是"天意""天志"的表现,把"三纲五常"称为"上天"的意志,主张封建道德在整个社会生活中享有绝对的精神权威。他继承先秦时期孔子、孟子的义利观，从封建社会利益关系的现实出发，提出了义、利"两养"，以义为先，维护封建统治阶级长远利益的新的义利观念。

董仲舒的道德思想，是儒学伦理在其两千多年的历史发展中的重要一环。他的道德观点如下述：

1. 道之大原出于天

董仲舒以"天人感应""天人合类"的理论来论证道德观念来源于"天"。首先，他把"天"看作是主宰自然界与人类社会的至高无上的人格神。他说："天者，百神之大原也"（《春秋繁露·郊语》），"天者，万物之祖，万物非天不生"（《春秋繁露·顺命》）。他认为，天有目的、有意志地创造了人和人类社会。他说："人之为人，本于天，天亦人之曾祖父也，此人之所以上类天也。"（《春秋繁露·为人者天》）

其次，他认为"天"是有思想、有感情、有道德的，人的思想、感情和道德是上天创造的。他说："天亦有喜怒之气，哀乐之心，与人相副"（《春秋繁露·阴阳义》），"人之形体，化天数而成；人之血气，化天志而仁；人之德行，化天理而义，人之好恶，化天之晴清；人之喜怒，化天之寒暑，人之受命，化天之四时，人生有喜、怒、哀、乐之答，春、秋、冬、夏之类也"（《春秋繁露·为人者天》）。他指出："今善善恶恶，好荣憎辱，非人能自生，此天施之在人者也"（《春秋繁露·竹林》），"行之伦理，副天地也"（《春秋繁露·人副天数》），"是故仁义制度之数，尽取之天"（《春秋繁露·基义》）。就是说，人的道德善恶是非的观念、行动的伦理规范不是在社会生活中形成的，而是"天志""天理"的表现。

因此，董仲舒得出结论："道之大原出于天，天不变，道亦不变。"(《春秋繁露·举贤良对策》)就是说,道德的根本原则和要求来源于上天,只要"天"不变,封建社会的伦理道德就永恒不变。这样,经过董仲舒建立在唯心主义神学目的论基础上的道德论证,世俗的封建伦理道德获得了神灵的光环,得以"神化",从而更具庄严性和绝对权威性。应当指出,董仲舒"道之大原出于天""天人合类"的神学目的论的道德观牵强附会,带有浓厚的神秘主义色彩,有碍人们正确认识道德的社会本质及其变化、发展的规律。同时,它为世俗的封建道德和封建社会秩序做了神圣性、合理性、永恒性的理论辩护,这在一定程度上有利于封建社会的稳定与发展。

2. 三纲

"三纲"是董仲舒为封建社会确立的基本道德原则。所谓"三纲",是指君为臣纲、父为子纲、夫为妻纲。董仲舒提出的"三纲",是对先秦"人伦"思想的发展。君臣、父子、夫妻关系是封建宗法等级体制的基础。先秦儒家提倡"君臣有义、父子有亲、夫妇有别",规定了君臣、父子、夫妻之间带有道义和宗法感情色彩的主从关系。法家为加强封建专制主义政治体制的建立,强调"臣事君、子事父、妻事夫"(《韩非子·忠孝》),把这三伦的主从关系引向绝对。董仲舒从稳定和加强封建统治秩序的需要出发,借助"天人合类"的神学目的论和"阴阳五行"说,把君臣、父子、夫妻的尊卑、主从关系神圣化、凝固化。

董仲舒说:"天子受命于天,诸侯受命于天子,子受命于父,臣妾受命于君,妻受命于夫。诸所受命者,其尊皆天也。虽谓受命,于天亦可。"(《春秋繁露·匜命》)就是说,在"天意""天志"的绝对支配下,臣服从君,子服从父,妻服从夫是一种不可逆转的"命",只可"顺命",不可"变逆"。他还用"阴阳五行"说来论证"三纲"尊卑、主从关系的必然性。他说："君臣、父子、夫妇之义皆取诸阴阳之道。君子为阳，臣为阴；父为阳，子为阴；夫为阳，妻为阴。阴道无所独行，其始也不得专起，其终也不得分功，有所兼之义。是故臣兼功于君，子兼功于父，妻兼功于夫，阴兼功于阳，地兼功于天。"（《春秋繁露·基义》）就是说，君臣、父子、夫妻的关系，一方面是"兼"的关系，互相不能分离；另一方面，是"阳主阴从"的关系。君是主，臣是从；父是主，子是从；夫是主，妻是从。他声称，"天下之尊随阳而序位""阳贵而阴贱，天之制也"（《春秋繁露·天辨在人》），用一套尊卑、贵贱"随阳而序位"的理论，进一步论证君权、父权、夫权的神圣不可侵犯的必然性。

在董仲舒看来，"三纲"的伦理要旨是尊君、事君、忠君。君为臣纲是"三纲"之首。他说："君人者，国之本也。夫为国，其化莫大于崇本"（《春秋繁露·立元神》），"身以心为本，国以君为主"（《春秋繁露·通国身》），"缘臣民之心，不可一日无君……故屈民而伸君"（《春秋繁露·玉杯》）。这些思想，客观上也反映了当时封建统治阶级加强中央集权制的需要。

董仲舒以"天命"神权，加强了君权（政权）、父权（族权）、夫权，声称"王道之三纲，可求于天"（《春秋繁露·基义》），把"三纲"作为封建社会最高的社会伦理原则，经过历代封建统治阶级的倡导，臣忠、子孝、妇随逐步成为封建社会中最重要的道德观念。

应当指出，"三纲"反映了封建社会建立在小农经济基础上实行中央集权政治的客观要求。在封建社会的上升时期，对于巩固新兴的封建经济关系和政治秩序，起了一定的积极作用。但是，后来随着我国生产关系的发展，它日益成为社会进步的严重障碍。正如毛泽东指出的："这四种权力——政权、族权、神权、夫权，代表了全部封建宗法思想和制度，是束缚中国人民特别是农民的四条极大的绳索。"①

3. 五常

董仲舒以"三纲"确立了封建社会最基本的社会道德的原则，又以"五常"（"五纪"）确立起封建社会最基本的道德规范和要求，作为个人处理人际关系的行为准则。所谓"五常"，是指仁、义、礼、智、信这五种基本道德规范。仁、义、礼、智、信这些基本的道德规范，孔孟早已提出。董仲舒则根据他的"天人合类"说，将其与"五行"（金、木、水、火、土）相比附，把它们概括为"五常"，并在继承儒家及诸子学说的基础上，对"五常"作了自己的新解释。

"仁"是五常的核心。什么是"仁"？董仲舒说："仁者憯怛爱人，谨翕不争。好恶敦伦，无伤恶之心，无隐忌之志，无嫉妒之气，无感愁之欲，无险诐之事，无辟违之行。故其心舒，其志平，其气和，其欲节，其事易，其行道，故能平易和理而无争也。如此者，谓之仁。"（《春秋繁露·必仁且智》）就是说，"仁"的基本精神是"爱人"与"不争"，以协调人际关系。

什么是"义"？他说："义者，谓宜在我者。宜在我者，而后可以称义。"（《春秋繁露·仁义法》）就是说，"义"的基本要求是正确规范自己的行动，"正我"。他认为，"仁"与"义"有不同的适用对象和作用。他说："以仁安人，以义正我""仁之法在爱人，不在爱我；义之法在正我，不在正人。我不自正，虽能正义，弗予为义，人不被其爱，虽厚自爱，不予为仁"（《春秋繁露·仁义法》）。就是说，"仁"是用以对人的，以仁安人，仁者爱人，不在爱我；"义"是用以对己的，

---

① 《毛泽东选集》第一卷，人民出版社1966年版，第31页。

以义治我，义在正我，不在正人。要做到"仁"，就要利人、爱人，不能只爱己、利己；要做到"义"，就要自己做到行为正义，做到"躬自厚而薄责于人"。董仲舒讲的"义与仁殊"，有"人我之分"的思想，是一种道德认识的深化，揭示了特定的道德规范，反映了处理特定的利益与人际关系的要求的某种真理性，对后人有一定的启发意义。

什么是"礼"？他说："礼者，继天地，体阴阳，而慎主客，序尊卑贵贱大小之位，而差内外远近新旧之级者也。"（《春秋繁露·奉本》）董仲舒强调的"礼"，虽然包含了要求人们重视礼仪、礼节的合理成分，但重点是强调尊卑贵贱的严格等级差别，"大小不逾等，贵贱如其伦"，以维护封建社会的等级关系。

什么是"智"？他说："何谓之知？先言而后当。凡人欲舍行为，皆以其知先规而后为之。"（《春秋繁露·必仁且智》）就是说，"智"是一种分辨道德是非，进行道德选择和判断的能力与智慧。董仲舒认为，"仁"与"智"这两种道德规范是相辅相成的。他说："仁而不智，则爱而无别也，智而不仁，则知而不为也。故仁者，所以爱人类也。智者，所以除其害也。"（《春秋繁露·必仁且智》）强调"仁"与"智"的统一，仁以爱人，智以去害，确是他的一个独到见解。

什么是"信"？他说："著其情所以为信也……竭愚写情，不饰其过，所以为信也。"（《春秋繁露·天地之行》）就是说，信是指诚实、守信，表里如一、言行一致的道德准则。君子应当"贵信""尚信""至忠厚信"。

董仲舒的"五常"，一方面是直接为"三纲"服务的，在我国漫长的封建社会中，起着缓和统治阶级的内部矛盾，维护封建政治、经济关系的作用；另一方面，这五种基本的道德规范，也反映了封建社会中人际关系矛盾调节的客观要求，在一定程度上包含了我国广大人民群众在社会生活中世代积累起来的传统美德，有益于调节各方面的人际关系。仁、义、礼、智、信中一些属于"人类共同道德"的道德历史遗产，仍然值得我们在新的历史条件下加以批判地继承。

4. 正其谊不谋其利

在义利观上，董仲舒继承了先秦儒家重义轻利的传统思想，同时，他又汲取了其他学派的观点，结合封建政治、经济体制确立后的利益关系，对道德与利益的关系作了自己的阐述。

首先，董仲舒从人生的基本需要（"养"）的角度，肯定谋"利"是人的物质需要，为"义"是人的精神需要，认为应当义与利"两养"，两者不可缺一。他说："天之生人也，使之生义与利。利以养其体，义以养其心。心不得义不能乐，体不得利不能安。义者，心之养也；利者，体之养也。"（《春秋繁露·身之养重于义》）

其次，他又从"养心"重于"养身"的角度，认为"义"与"利"作比较，"义"比"利"更加重要，应当"正其谊不谋其利，明其道不计其功"。他说："体莫贵于心，故养莫重于义。义之养生人大于利矣。"（《汉书·董仲舒传》）他认为，人之所以为人，是因为人有义而不是为利。他说："天之为人性命，使行仁义而羞可耻，非若鸟兽然，苟为生，苟为利而已。"（《春秋繁露·竹林》）在董仲舒看来，在道德实践中，义与利常常是互相对立的。"为利""谋利"常常会使人"忘义""弃义"。因此，他认为："夫仁人者，正其谊不谋其利，明其道不计其功。"（《汉书·董仲舒传》）就是说，一个道德高尚的人，应当把"正义""明道"放在第一位，不计较个人的功利。

第三，董仲舒从义与天下之利相统一的角度，重视公利，反对自私自利，倡导"为天下兴利"。他说："天常以爱利为意，以养长为事，春秋冬夏皆其用也。王者亦常以爱利天下为意，以安乐一世为事，好恶喜怒而备用也。"（《春秋繁露·王道通三》）还说："故圣人之为天下兴利也，其犹春气生草也，各因其生小大而量多少。其为天下除害也，若川渎之泻于海也，各顺其势倾侧而制于南北。故异孔而同归，殊施而钧穗，其趣于兴利除害一也。"（《春秋繁露·考功名》）他在这里明确地把"义"理解为"以爱利天下""为天下兴利""为天下除害"，确是对义利关系有了比以往思想家更深入一层的认识。

　　董仲舒"正其谊不谋其利"的义利观，在一定程度上割裂了道德与利益的关系，在理论上是错误的，在实践上容易忽视人们的正当个人利益，进而有导致禁欲主义的倾向。但是，这种义利观有着鼓励人们超越个人浅近利益的眼界，为天下公利和正义事业而奋斗的积极因素。在这种义利观的影响下，我国历史上有许多仁人志士，为了恪守自己的道德信念，实现自己的社会理想，克己奉公、披肝沥胆，做出了无数可歌可泣的动人业绩。讲道德、讲正义，在一定意义上就是要人们有一种"正其谊不谋其利"的精神。

二　董仲舒"以教为本"的道德教育思想

　　董仲舒作为一个自觉维护封建"大一统"的思想家，总结秦二世而亡的经验，特别强调"德治""教化"对于巩固封建统治的重要性，奉劝封建统治者应"任德不任刑"，治理国家"以教为本"。他说："教，政之本也；狱，政之末也。其至异域，其用一也，不可不以相顺,故君子重之也。"(《春秋繁露·精华》)因此,他指出:"圣人之道,不能独以威势成政,必有教化。"(《春秋繁露·为人者天》)他强调治国安民必须把道德教化放在首位。他说:"国之所以为国者,德也。"(《春秋繁露·保位权》)

董仲舒的道德教化思想的特点,在于他提出了"为教化立论的人性论"①——"性三品"说和"成性""防欲"的道德教育功用论。

1."性三品"说

董仲舒赋予封建伦理纲常以神圣的绝对权威。为了论证这些封建伦理纲常经过教化为广大民众所接受的可能性与必要性,他在吸取孔子、孟子、荀子等先秦儒家人性论思想的基础上,提出了自己的人性论学说。他认为,普通人的"性"是一种与生俱来的心理资质。他说:"生之自然之资谓之性。性者,质也。"因为"天人合类",人"生之自然之资"的性,如天有阴阳,也有"仁"与"贪"两个方面。他说:"人之诚有贪有仁,仁、贪之气,两在于身。身之名取诸天,天两有阴阳之施,身亦两有贪、仁之性。"就是说,在人性中既有"贪"即为恶的资质,也有"仁"即为善的资质。董仲舒认为,由于人有"贪"的自然资质,使后天的道德教化与引导成为必要;由于人有"仁"的自然资质,使后天的道德教化与引导成为可能。同时,他指出,人性具有善质,并非"性固已善",只是"待觉教之然后善"(以上均见《春秋繁露·深察名号》)。就是说,人性具有"善质",只是为善提供了心理基础和可能性,只有通过启发教养才能形成"善"的品德。他生动地比喻道:"性如茧如卵,卵待覆而为雏,茧待缫而为丝,性待教而为善"(《春秋繁露·深察名号》),"善,教诲之所然也"

---

① 参见朱贻庭主编:《中国传统伦理思想史》,华东师范大学出版社 1989 年版,第 214 页。

(《春秋繁露·实性》)。

然而,董仲舒认为,具有这种"待教而善"的"善质"的人性,并非人人皆有的普遍的人性,而是"中人之性"(或"万民之性")即普遍人的人性。他从封建等级观念出发,把人性分为上、中、下三个等第,提出了"性三品"说。他认为,"圣人之性"是不教而善,而"斗筲之性"则是虽教而不善。他说:"圣人之性,不可以名性。斗筲之性,又不可以名性。名性者,中民之性。中民之性,如茧如卵,卵待覆二十日后能为雏,茧待缲以涫汤而后能为丝,性待渐于教训而为后能为善。"(《春秋繁露·实性》)董仲舒认为,生来就有"人道之善"的"圣人之性"和天生"善质"甚少的"斗筲之性"的人都是极少数人;极大多数的人,万民百姓都具有教而善的"中人之性。"他的"性三品"说为统治者对人民实行道德教化提供了理论根据。

2."成性""防欲"论

如上所述,董仲舒认为,道德教化之所以可能和必要,是因为普通百姓"两有贪仁之性"。有"善质",可以教而为善,即所谓"成性";有贪欲,则需要教民节制,即所谓"防欲"。他指出,"成性""防欲"是教化的两大功能。"成性"("成民之性"),即培养人民的"善性"。他说:"天生民性,有善质而未能善,于是立王以善之,此天意也。民受未能善之性于天,而退受成性之教于王。王承天意,以成民之性为任者也。"(《春秋繁露·深察名号》)就是说,民众百姓有善质但不能自然形成善之性,就需要承受天意的已形成善性的统治者来加以教化。民众百姓尽管已具备了为善的心理机制和可能,但并没有在社会实践中培养善性的能力,需要"待外教然后能善"。在董仲舒看来,"君者,民之心也;民者君之体也。心之所好,体必安之;君子所好,民必从之"(《春秋繁露·为人者天》)。君受天意，民需君王教化。君为民心，人民群众没有独立的人格和自由意志，一切听凭君王教化。

"防欲"，即"堤防"民众百姓的从利之欲。董仲舒认为：民众百姓自然资质中有"贪"性。由于从利嗜欲无限，社会财富已不能足，必然导致奸邪并出，"大乱人伦"，唯有通过教化防民之欲。他指出："夫万民之从利也，如水之走下，不以教化堤防之，不能止也。是故教化立而奸邪皆止者，其堤防完也；教化废而奸邪并出，刑罚不能胜者，其堤防坏也。古之王者明于此，是故南面而治天下，莫不以教化为大务；立大学以教国，设庠序以化于邑，渐民以仁，摩民以谊，节民以礼，故其刑罚轻而禁不犯者，教化行而习俗美也。"（《春秋繁露·举良贤对策》）在这里，他充分强调了道德教化，重视学校道德教育对于培养人民群众的仁义道德、自觉"堤防"利欲的极端重要性，认识到了道德教育具有培养人的美德，使民众自觉节制利欲，有利维护封建社会秩序的重大社会功能，"德教"能起到"刑罚"所不能起到的重要作用。

董仲舒关于道德教化"成性""防欲"功能的思想，是直接为封建统治阶级利益服务的。他夸大了统治者个人的作用，抹杀了广大人民群众在社会实践中道德进取的自觉能动性，陷入历史唯心主义。但是，他也揭示了人可以通过教化养成善性，道德观念可以成为人们节制利欲的自觉精神。"堤防"有某些合理性的见解，对于道德教化社会功能的认识，比前人更深入了一步，对于后人认识道德与道德教育的客观社会作用具有启发意义。

第十章

韩愈以"性情三品"说为基础的道德观和道德教育思想

韩愈是宋明道学的先驱,他的伦理思想以"性情三品"说为理论基础。"性情三品的主旨在于"性"和"情"共同是人的一切伦理行为的原动力,所不同的是"性"是终极原动力,"情"是表面原动力,从而使现实的伦理行为有上、中、下之分。他认为道德起源于圣人博爱怜民之心理,其目的是为了满足社会的存在与发展及个人需求,韩愈把纯粹利他奉为道德评价的唯一而且最高的标准。他继承和发扬了孔孟之道,提出了旨在与佛道相抗衡的儒家"道统论",在儒学或儒家伦理思想的发展史上,承前启后,开了宋明理学的先河。

一　韩愈以"性情三品"说为基础的道德观

　　"性情三品"说是韩愈道德观得以建立的前提和基础,是道德理想的理论依据,其实质是探讨人际行为的事实如何的一般规律,为他的道德观的确立奠定基础。他认为,人人都有性有情,"性也者,与生俱生也;情也者,接与物而生也"(《原性》)。就是说,性是先天的,情是后天的。同时,人性不是统一的,有上、中、下三品之分,"上焉者,善焉而已矣;中焉者,可导而上下也;下焉者,恶焉而已矣"(《原性》)。与性相对应,"情之品有三"(《原性》),即情也分三品。在"性情三品"说的基础上,韩愈进一步确立了"博爱之谓仁"的道统观和道德观。韩愈所谓"道统"之"道",就是儒家的仁义道德,又称为"先王之道"或"先王之教"。"夫所谓先王之教者,何也?博爱之谓仁,行而宜之之谓义,由是而之焉之谓道,足乎己而无待于外之谓德。仁与义为定名,道与德为虚位。"(《原道》)他所谓的仁义道德,与孟子一脉相承,他用"博爱"释仁,就是对孟子"亲亲而仁民,仁民而爱物"(《孟子·尽心上》)的发挥。这种道德观对于克服当时由于佛道蔓延而出现的封建国家内部的离心倾向,维护和巩固封建大一统的中央政权,无疑具有积极意义。

韩愈的道德学说中最富特色的主要有以下几点:

1. 性情三品

何谓"性",韩愈认为,所谓"性"就是随着人的生命诞生而产生的生来就有的属性。众所周知,有此特性者,非本能莫属。它是人及其有机体先天固有而不受意识支配的反射,也就是人及其有机体先天固有的随意运动,即所谓"性也者,与生俱生也",其基本内涵是仁、礼、信、义、智,即"其所以为性者五,曰仁,曰礼,曰信,曰义,曰智"。所谓"情",韩愈认为是后天形成的,即与外物接触后而产生的。用现代术语说,就是主体对其需要是否被客体对象所满足的一种心理反应或心理体验,即所谓"情也者,接与物而生也"。只是如果以这种心理反应的指向而言,有指向主体的感情与指向客体的感情之别。具体而言,指向主体的感情有喜、怒、哀、惧,指向客体的感情有爱、恶;而欲为最基本的指向主体的感情。就是说,情的内涵是喜、怒、哀、惧、爱、恶、欲,即"其所以为情者七,曰喜,曰怒,曰哀,曰惧,曰爱,曰恶,曰欲"(以上均见《原性》)。

韩愈认为性与情的关系是统一的。"性之于情视其品,情之于性视其品。"（《原性》）而且，只有二者的统一，才会有合道之行为。这表现在，性是情得以产生的动因，情则是性的具体表现形式，二者共同成为人们伦理行为的原动力。所不同的是，性是基本原动力——终极原动力，情则是非基本原动力——表层原动力。这是因为，性是"与生俱生"的，是先天具备的，而情则是"接于物而生"的。

韩愈进一步指出，人的伦理行为，从其性而言，即从其终极原动力看，有三类，即"善焉而矣"之伦理行为、"可导而上下"之伦理行为、"恶焉而矣"之伦理行为。而从情而言，即从其表层原动力看，也有三类，即"动而处其中"之伦理行为、"有所甚，有所亡，然而求合其中者也"之伦理行为、"亡与甚直情而行者也"之伦理行为。由此可见，伦理行为的三分是韩愈提倡"性情三品"说的必然逻辑结论。上品之伦理行为可"主于一而行于四""动而处其中"，中品之伦理行为则"一不少有焉，则少反焉，其于四也混""有所甚，有所亡，然而求合其中者也"，下品之伦理行为则"反于一而悖于四""亡与甚直情而行者也"（《原性》）。

韩愈提倡"性情三品"的真正目的是为了"排斥佛老，恢复儒家道统地位"。在韩愈看来，佛老道德的最大失误在于没有从社会整体利益的角度去着眼，故"其见者小也"。他说："凡吾所谓道德云者，合仁与义言之也，天下之公言也。老子之所谓道德云者，去仁与义言之也，一人之私言也。"（《原道》）可见，韩愈划分人的性情、伦理行为品级的标准在于利公还是利私，是从社会及他人利益而言还是以个人私利而言。一句话，是利他还是利己。上品之伦理行为是指以仁为主导而返其余者之行为。所谓"仁"，在韩愈看来，即"博爱"，实质上是无私利人，即所谓"博爱之谓仁，行而宜之之为义"(《原道》),也就是目的为他的一切伦理行为。中品之伦理行为是指仁这一主德有所不足,其余四德杂而不纯。具体说,就是目的为他之伦理行为的质量和数量少而寡,目的为己之行为居多,但却都并未有损于社会和他人的利益,故"有所甚,有所亡"。而下品之伦理行为是指既未无私利人,又未为己不损人,而是害人害己,即"反于一而悖于四"之行为。

韩愈所谓"性情三品"说的基本主张,实际上只是对董仲舒的"性分三等"说的明确化和程式化,完全是在为封建等级制度和统治的两手政策制造人性论的根据,在理论上显得十分粗陋而独断。但是,韩愈的性、情统一的思想,在其反对佛老、恢复儒家的"道统"的过程中有着特殊的理论意义。

2. 博爱之谓仁

韩愈认为,道德起源于圣人的博爱怜民之心理。他说:"古之时,人之害多矣。有圣人者立,然后教之以相生养之道。"就是说,圣人教人们相生养之道即道德,是人们躲避祸害的手段。这道德便是仁、义、礼、智、信五德。即所谓"夫先王之教者,何也? 博爱之谓仁,行而宜之之谓义,由是而之焉之谓道,足乎己而无待于外之谓德"。其具体内容是"文、法、民、位、服、居、食",而人们只有循先王之教,才能"其为道易明,而其为教易行也",才能"以之为己,则顺而祥;以之为人,则爱而公;以之为心,则和而平;以之为天下国家,无所处而不当",才能"生则得其情,死在尽其常。郊焉而天神假,庙焉而人鬼飨"(以上均见《原道》)。总之,唯有如此,才能利人利己,才能保证社会秩序的稳定与和谐。

在理论上,韩愈认为佛老之害在于鼓励人们只顾自身的利益,而忘记了国家的大利益,从而无助于社会的稳定与发展。他说:

"今也欲治其心,而外天下国家,灭其天常,子焉而不父其父,臣焉而不君其君,民焉而不事其事。"并明确指出佛老之学说的理论失误在于"其见者小也。坐井而观天,曰'天小'者,非天小也,彼以煦煦为仁,孑孑为义,其小之也则宜。其所谓道,道其所道,非吾所谓道;其所谓德,德其所德,非吾所谓德也。凡吾所谓道德云者,合仁与义言也,天下之公言也;老子之所谓道德云者,去仁与义言之也,一人之私言也"。也正是因为佛老之学的倡引,使"农之家一,而食粟之家六;工之家一,而用器之家六;贾之家一,而资焉之家六;奈之何民不穷且盗也"(以上均见《原道》)!据此,韩愈认为,评价人们道德善恶的标准,在于维护社会秩序的稳定与和谐。

基于"性情三品"说及道德目的论,韩愈认为人际行为应当是纯粹利他、无私利他的,而且这一规范是最高的且唯一的原则。这是因为,人们在"与生俱生"之性和"接于物而生"之情的促动下的种种伦理行为,唯有"无私利他"的伦理行为既符合道德的直接目的,又符合道德的间接目的。因而才是善的,有价值的,值得肯定的。而为自己的行为因最终有害于自我及社会利益而不应被肯定。

韩愈认为道德的一般原则应是根据不同对象所提出具体的规范。比如,对圣人应以仁的标准和无私利他的标准规范之,要"教之以生养之道"。而对普通人,则只要爱亲人、爱尊者、相生养,便可认为是达到了仁的境界。即所谓"亲亲尊尊,生者养而死者藏"。简言之,就是遵循以君臣父子为中心的"三纲",便算是达到了仁的要求,实现了"博爱"。可见,在韩愈看来,圣人和普通人的区别仅在于施仁之对象的范围、程度大小不同罢了。

二　韩愈"从师学习"的道德教育思想

韩愈的人性论虽然粗陋而独断,但他的道德教育思想在中国教育思想史和伦理思想史上却是一个积极的贡献。韩愈提倡道德教育,指出:"夫欲用德礼,未有不由学校师弟子者。"(《潮州请置乡校牒》)他还强调"从师学习",并总结教育实践,写出了著名的《师说》,提出了一些十分宝贵的教育思想。他说:"古之学者必有师。师者,所以传道受业解惑也。人非生而知之者,孰能无惑?惑而不从师,其为惑也,终不解矣。生乎吾前,其闻道也固先乎吾,吾从而师之;生乎吾后,其闻道也亦先乎吾,吾从而师之。吾师道也,夫庸知其年之先后生于吾乎?是故,无贵无贱,无长无少,道之所存,师之所存也。"(《师说》)这些都是十分合理的见解。

韩愈的道德教育思想中,具有个性特色的观点如下所述:

1. 品德可导

"性情三品"说明人们的品德是可以培养的,而且对人们的品德进行培养也是必需的。因为它关乎社会的存在与发展。韩愈认为:人性三品,除下品外,都是可以改变的。他说:"上焉者,善焉而已矣;中焉者,可导而上下也。"又说:"上之性就学而愈明,下之性畏威而寡罪,是故上者可教而下者可制也。"(《原性》)这就是说,上品的善性,经过学习,愈加光大;中品之性,可善可恶;下品的恶性,则不能被教化,只能用刑罚使之减少犯罪。而品德培养的目的便是巩固上品之善,将中品之性情和行为提高到上品之善的境界,即无私利他的境界。而对下品之性情和行为,韩愈认为,不能光靠道德说教,而需要借助刑罚的威严来逼迫其弃恶从善。这是有一定见地的。

2. 从师学习

品德培养的途径和方法是什么呢？韩愈认为，首先要从师学习，"夫欲用德礼，未有不由学校师弟子者"。就是说，要跟随老师学习道德知识，提高自身的道德水平，做一个合乎道德的人。学会正确评价自己和他人行为善恶的方法，树立道德信念。那么，人为什么要从师呢？因为"人非生而知之者，孰能无惑？惑而不从师，其为惑也。终不解矣"。同理，道德知识——即仁义之道不是"生而知之"，故必须从师方能知之。其次，要严于责己，宽以待人。他说："古之君子，其责己也重以周，其待人也轻以约。"就是说，在道德实践中要对自己严格要求，而对别人宽松而简单。只有"重以周"，才能"不怠"；只有"轻以约"，才能"人乐"。只有如此，方能使自己见贤思齐，"早夜以思，去其不如舜者，就其如舜者"（以上均见《韩愈文选》）。即早晚反思、自省，去掉自己不合仁义之行为，努力发扬自己合乎仁义之行为。同时，也只有待人"轻以约"，方能有助于别人的修养，给别人以鼓舞和勉励，便于人己双修。

对于韩愈伦理思想的得失，前人已有论述。比如，朱熹说："盖韩公之学，见于《原道》者，虽有识夫大用之流行，而于本然之全体，则疑其所未睹。"（朱熹校《韩昌黎集》中《与孟简书》注）苏轼则说韩愈"其论至于理而不精，支离荡佚，往往自叛其说而不知"（《韩愈记》），等等。我们以为，此论确有正确合理的成分，但也有模糊不明确之遗憾。那么，究竟其得失如何呢？

首先，关于"性"之得失。韩愈认为，性是"与生俱生"的。这一认识是正确的。但是，韩愈又认为，性之基本内涵是"仁、义、礼、智、信"，将人的道德需要这种经过后天教育才形成的五种德性当作"性"，其自相矛盾处显而易见。究其因，原来是韩愈将人们的道德需要等同于人的基本生存需要，其结果便认为个人的道德需要是引发个人伦理行为的终极原动力。事实上，引发人们伦理行为的终极原动力是个人基本生存和发展的需要。尽管个人道德需要与人的基本生存和发展的需要都会引发伦理行为，但两者是有区别的。个人道德需要引发伦理行为，虽然也是动力、动因，但它最初是被人的基本生存和发展的需要所引发，人的基本生存和发展的需要才是引发伦理行为的最终原动力。

其次，关于"性情三品"说，责难者颇多。或者说"性情三品"说来自董仲舒、王充，在理论上无所建树；或者说此论是为封建等级制度提供理论根据，等等。我们认为，韩愈之"性情三品"说有其合理的成分，尽管它通过对伦理行为进行分类，认识各类之特性，有为封建等级关系提供理论根据之嫌，但在客观上也揭示了人际行为的一些规律，为建立符合人性的道德体系提供了价值实体的论据。

再次，关于人际行为的规范。其一，关于道德起源于圣人博爱怜民之心理的观点是不正确的。事实上，道德起源于人类社会活动及人际行为存在和发展的需要。其二，关于道德目的，韩愈认为是为了社会的存在和发展以及满足个人的需要。但在建立道德原则过程中，则过于强调社会的存在和发展，忽略满足个人需要的目的。其结果，在理论上为轻视个人利益留下了可乘之机，发展到后来，便是宋明理学之"存天理，灭人欲"的极端理论。其三，关于道德原则。韩愈认为只有"纯粹利他"的行为是善的、有价值的，并将此作为评价个人的行为善恶的唯一标准，否定"为己不损人"之行为的道德价值。结果，便与一切利他主义者一样，陷入共同的片面性谬误之中。事实是,利己的行为并不可怕,可怕的是以损人的手段去利己。最后,韩愈关于品德修养的论述有可借鉴之处,但在理论上却有矛盾。在"性情三品"说中,他说,性即仁、义、礼、智、信这五种德性是"与生俱生"的,但在修养论中却说"人非生而知之者",必须从师学习。

第十一章

王安石"善恶由习"的道德观和道德教育思想

王安石是一位唯物主义的哲学家，被誉为"中国 11 世纪时的改革家"①。他在变法革新的政治实践中创立了所谓的"荆公新学"，王安石的人性论及其伦理思想就是其"新学"的重要组成部分。他的伦理思想带有功利主义的色彩，其"礼论"、义利观、道德教育和道德修养在中国伦理学思想史上具有鲜明的时代特色。

一　王安石"善恶由习"的道德观

　　王安石在批评了以往的各种人性论的基础上，提出了以"性无善恶论"和"性情一"为核心的人性论。他指出"性"就是"人生而有之"（《性情》），是人之所以有情的内在心理根据；"情"则是这一心理机能在"接于物"后而产生的感性活动及其外在体现。因此，"性"与"情"是一体一用，实则"一也"。在"性情一"的人性论基础上，王安石探讨了善恶产生的问题，提出了"善恶由习"的道德观念。他说："性生乎情，有情然后善恶形焉，而性不可以善恶言也。"（《原性》）这是一种与众不同的道德观。这种"善恶由习"的道德观与善恶先验论划清了界限，具有唯物主义的元素，在总体上是超乎前人的一个巨大进步。王安石的道德观具体体现在以下几个方面：

---

① 《人文社会科学十万个为什么》，文心出版社 2006 年版，第 957 页。

1. 性情一

与以往各种关于人性、性情的观点不同,王安石在何为"性",以及性与情的关系等问题上,提出了自己独到见解。王安石批评了以前的各种关于人性的说法,主张"性无善恶"论,反对韩愈的"性三品"说和李翱的"性善情恶"说,间接批判了佛老的人性论。他对人性问题的评论,成了"新学"的主要特征之一。王安石认为,人的"五事"(貌、言、视、听、思)和情欲等生理和心理方面的活动是人性的内容,这些又都和人的形体联系在一起的,构成了人的生命。他说:"形者,有生之本,故养生在于保形。"又说:"不养生不足以尽性。"(《礼乐论》)他的这一观点把自然生命的保养看成是实现人性的基础。这是他的人性论的出发点,目的在于反对佛老的人性论。

王安石指出:"性情一也。世有论者曰'性善情恶',是徒识性情之名而不知性情之实也。喜、怒、哀、乐、爱、恶、欲未发于外而存于心,性也;喜、怒、哀、乐、爱、恶、欲发于外而见于行,情。性者情之本,情者性之用,故吾曰性情一也。"在王安石看来,"性"就是"人生而有之"(《性情》)的喜、怒、哀、乐、爱、恶、欲的感性心理机能,或者说是人之所以有情的内在心理根据;"情"则是这一心理机能在"接于物"后而产生的感性活动及其外在体现。因此,"性"与"情"是一体一用,实则"一也"。王安石所说的"性",还指理性的本能或机能。他说:"气之所禀命者,心也。视之能必见,听之能必闻,行之能必至,思之能必得,是诚之所至也。不听而聪,不视而明,不思而得,不行不至,是性之所固有而神之所自生也,尽心尽诚之所至也。故诚所以能不测者,性也。贤者尽诚以立性也,圣人尽性以至诚者也。"(《礼乐论》)

正因为人性具有感性和理性两种心理机能，"先王知其然，是故体天下之性而为之礼，和天下之性而为之乐"(《礼乐论》)，从而也就区别了人性与动物之性的不同。王安石指出，狙猿之形与人相似，但是，"若绳之以尊卑而节之以揖让"，狙猿就会逃之深山，这是因为狙猿天性中没有为礼的心理根据。显然，王安石对人性的规定，体现了自然人性论的特点。但他又把理性能力纳入"性"的范畴，因而又不同于"食色，性也"的自然人性论。

2. 善恶由习

从他的人性论出发，王安石讨论了善恶的来源问题。他不赞成性善论、性恶论，也不赞成善恶二元论。他批评孟子的"人性善"说，如果人生来都有"恻隐之心""人之性无不仁"，人们就不应该有"怨毒忿戾之心"，不应有为恶之心，但事实并非如此。他又批评荀子的"人性恶"说，如果说人性是恶的，善是人为的结果，人们就不应该有"恻隐之心"，事实并非如此。他还指出，韩愈把仁、义、礼、智、信"五常"看成是人的本性，同样是错误的。他说："性者，五常之太极也，而五常不可以谓之性。此吾所以异于韩子。"仁、义、礼、智、信者"五常"由性生出，但"五常"不是性；这就好比五行由太极生出，而五行并不是太极。总之，他认为孟子讲性善，荀子讲性恶，扬雄讲性善恶混，韩愈讲性三品，都是讲"情"，讲的是后天之所"习"，而不是讲人的本性。他说："诸子之所言，皆吾所谓情也，习也，非性也。"孟、荀、扬、韩都是抓住了人们"情"和"习"的某些片面，而作出了自己的结论。他引用孔子的话说："'性相近也，习相远也。'吾之言如此。"他指出，就人的自然本性来说，是无所谓善恶的，人的善恶是从"情"来的，是后天习染而成的。他说："性生情，有情然后善恶形焉，而性不可以善恶言也。"(以上均见《原性》)所谓"情"，指"喜怒爱恶欲"等情感欲望。他认为，人本来有情感和欲望，未发作时，存于心内即是"性"；发作出来，表现于行动即是"情"。所以他说："性情一也。"（《性情》）王安石认为，人同外物接触时，便引起情感欲望，情感欲望的发作正当（"当于理"）就是善，就是仁和义，也就是"圣人"和"贤人"；情感欲望发作不正当（"不当于理"）就是恶，就是不仁不义，也就是"小人"（见《原性》和《性情》）。他的"性本情用""性情相须"的观点，批判了李翱的"性善情恶"说和佛老的禁欲主义。他说："礼乐之意不传久矣，天下之言养生修性者，归于浮屠老子而已。"（《礼乐论》）王安石认为，礼乐的作用在于使人的情欲发作"当于理"，而不是断绝人的情欲。他认为，人的情欲不是同道德根本对立的，这种看法在当时具有进步的意义。

王安石进一步讨论了人的情欲活动怎样才能"合理"的问题。就是说，为什么有的人的情欲是善的，有的人却是恶的？他强调这是后天的习染造成的，不是先天决定的。正是后天的习染使人的情欲有为善有为恶的差别。针对孟子的"人性善"，他说："夫恻隐之心与怨毒忿戾之心，其有感于外而后出乎中者，有不同乎？"（《礼乐论》）这是说，为善之心和为恶之心一样，都是在同外物接触后才产生的，不是头脑中主观自生的，不是"在内"的，而是后天的习惯养成的。他还说，韩愈曲解了孔子讲的"惟上智与下愚不移"的说法。他指出，所谓"上智"是说"习于善"，"下愚"是说"习于恶"，"中人"是说"一习于善，一习于恶"。上智、下愚、中人，都是就其后天习染的结果来说的。"上智"与"下愚"的区别，只表示后天学习的结果不同。"非生而不可移"，不是生来就不能改变。他举例说，尧、舜的儿子所以坏，那是"习于恶"的结果；尧、舜所以善良，那是

"习于善"的结果。由此,他得出结论说:人们的善恶品质是可以改变的。一个人当初"未始为不善",可以称之"上智",后来"去而为不善",就可以称作"中人"。一个人原来"未始为善",可以称之为"下愚",后来"去而为善",也可以称作"中人"。只有始终为善的人,才叫"上智";只有始终为恶的人,才叫"下愚"。那也都是"习"的结果。

王安石关于人性问题的这些辩论,其中所说的"习",主要指后天的学习和环境的影响。他不承认人的道德观念是天赋的,包括"圣人"在内,人的道德品质都是后天形成的。这不同于天赋道德学说。这一点也是王安石哲学思想与当时道学的根本区别之一。但是他又认为,孔子讲的"上智与下愚不移",不是就道德上的善恶说的,而是指人的认识能力说的。就人的认识能力来说,人生来就有智和愚的差别,这是不能改变的。他说:"圣人"的智慧乃"天下之至精至神",任何人都不能超过他,所以"上智"和"下愚"仍旧是"不移"(《原性》)。马克思批评旧的唯物主义说:"有一种唯物主义学说,认为人是环境和教育的产物,因而认为改变了的人是另一种环境和改变了的教育的产物——这种学说忘记了:环境正是由人来改变的,而教育者本人一定是受教育的。因此,这种学说必然会把社会分成两部分,其中一部分高出于社会之上(例如在罗伯特·欧文那里就是如此)。"(《关于费尔巴哈的提纲》)王安石的人性学说也是这种情况。他一方面认为人的品质是教育和环境的产物,另一方面又认为作为封建社会的最高的教育者——"圣人",生来就有超人的智慧。

3."道德"即"仁义"

在道德规范问题上,王安石对"道德"之名及其内容提出了自己的看法。他说:"语道之全,则无不在也,无不为也,学者所不能据也,而不可以不以心存焉。道之在我者为德,德可据也。以德爱者为仁,仁譬则左也,义譬则右也,德以仁为主,故君子在仁义之间,所当依者仁而已。……礼,体此者也;智,知此者也;信,信此者也。"(《答韩求仁书》)这是对孔子"志于道,据于德,依于仁"的发挥。王安石认为:道德在自然界中就是气,而在社会中仁义礼智信具有最一般的普遍性品格,其核心就是"爱"。人们只能通过学习修养去把握它,使之转化为学者内在的德性,即学而心有所得,这就是"德",即所谓"仁",而仁爱有宜就是"义"。所以"仁义"统一,但以仁为主,君子"当依者仁而已"。这就是说,"道德"就是求学而得之于心之谓,所得者即为"仁义",因此,在王安石看来,"道德"就是"仁义"。这就从理论上给"道德"的名实作了进一步的规定。

4."新"功利论

王安石在对仁义内容作具体解释的同时,揉进了功利主义的新意,从而使他的道德具有独特性和进步性。

首先,在道德与物质利益(即义与利)的关系上,王安石提出了"理财乃所谓义"的观点,从而给"义"以新的规定。他说:"孟子所言利者,为利吾国。如曲防遏籴,利吾身耳。至狗彘食人则检之,野有饿莩则发之,是所谓政事。政事所以理财,理财乃所谓义也。"(《答曾公立书》)这就是说,在政事的范围内,义与利是统一的;理财乃公利,所以是义,是不应该反对的。王安石出于维护国家和中小地主阶级利益的目的,力主变法,主张"理财"为治国之本,因而提出了"理财乃所谓义"的命题,为其变法理财奠定了基础。王安石所说的义与利相统一,以"利"规定"义",具有明显的功利主义特点。而且，他并没有把义与利等同起来。理财固然是"义"，但"理天下之财"又"不可以无义"（《乞制置三司条制》），认为求利本身还有一个是否合乎义的问题，这里"义"就是求利的手段，应该以"义"理财，因而他反对"尽财利于毫末之间，勿以求利为功"（《议茶法》）。这在理论上也是一个合理的观点。

其次，王安石还从"为己"与"为人"的关系上，给"仁义"以新的规定。他认为只是"为己"利己，为"不义"；只是"为人"利他，为"不仁"，这是两种极端，是"得圣人之一而废其百者也"，都不是圣人的"仁义之道"。王安石认为"为己，学者之本也""为人，学者之末也""是以学者之事必先为己，其为己有余而天下之势可以为人矣，则不可以不为人"。这就是说，学者当先为己，而当具备可以为人的条件时，又必须为人。也只有先为己，最终才能为人，"始不在于为人，而卒所以能为人也"（《杨墨》）。这里，"为己"是"为人"的前提条件，而"为人"是"为己"的必然要求。总之，先"为己"而又"不可以不为人"，"为己"与"为人"的统一，或者利己与利天下的统一，才是圣人的"仁义之道"。这就使"仁义之道"获得了功利主义的新意。

二　王安石"教学成才"和"五事成性"的道德教育思想

在王安石的"新学"中，重视培养"为天下国家之用"的人才，认为能否培养和任用德才兼备之士，直接关系到国家的兴衰、存亡。"国以任贤使而能兴，弃贤专己而衰。此二者必然之势，古今之通义，流俗所共知。"（《兴贤》）又说："夫才之用，国之栋梁也，得之则安以荣,失之则亡以辱。"(《材论》)为此,王安石从他的"性情一"的人性论和"善恶由习"的道德观出发,提出了一整套道德教育和道德修养的方法。

1. 教学成才

王安石根据他的性习之辨,提出了一整套的道德教育方案。他指出:"所谓教之之道何也,古者天子诸侯,自国至于乡党皆有学,博置教道之官而严其选。朝廷礼乐、荆政之事,皆在于学,学士所观而习者,皆先王之法言德行治天下之意,其材亦可以为天下国家之用。"这就是说,人才的德行须通过学校教育和学士本人的"学""习"而成。他明确指出:"人之才,未尝不自人主陶冶而成之也。"(《上皇帝万言书》)这正是"善恶由习"思想的贯彻。

王安石认为,要使学士成才,还应实行"养之之道",包括"饶之以财,约之以礼,裁之以法"。他说:"何为饶之以财?人之情,不足于财,则贪鄙苟得,无所不至。先王知其如此,故制其禄。……使其足以养廉耻,而离于贪鄙之行。"(《上皇帝万言书》)这样,他把"制禄"作为养廉耻、离鄙行的一个必要前提,并援引人性论论证,这是他的新意所在。当然,他又指出:"徒富之,亦不能善也。"(《洪范传》)善的关键在于教、习,从而修正了"礼义之行,在谷足也"(《论衡·治期》)的机械论思想,这也是合理的。

王安石还认为,道德教育不但要有言教,而且还要有身教。因此他十分强调教育者要以身作则,"人君"更应该如此。他说:"善教者之为教也,致吾义忠,而天下之君义且忠矣;致吾孝慈,而天下之父子孝且慈矣;致吾恩于兄弟,而天下之兄弟相为恩矣;致吾礼于夫妇,而天下之夫妇相为礼矣。"(《原教》)君主治理国家也应当如此，"盖人君能自治，然后可以治人；能治人，然后人为之用；人为之用，然后可以为政于天下。为政于天下者，在乎富之、善之，必自吾家人始"（《洪范传》）。这无疑是儒家主张"身教优于言教"这一优良传统的继承和发挥。

2. 五事成性

除了道德教育思想，王安石还从"习"以成性的观点出发，提出了"五事成性"的道德修养论。"五事"即貌、言、视、听、思五个方面的修养环节，王安石明确指出："五事，人君所以修其心，治其身也。"（《洪范传》）因而也就是从事培养德性的修养功夫。"成性"是指成就善的德性——"五常"。根据王安石的人性观，所以能貌、言、视、听、思是人的天赋本性，而发挥这些天赋本性实现貌、言、视、听、思，则是后天的修习。他说："夫人莫不有视、听、思：目之能视，耳之能听，心之能思，皆天也；然视而使之明，听而使之聪，思而使之正，皆人也。"（《道德经注》五十九章）"天"即天赋之性，"人"即后天修习，在道德领域，就是修养功夫。王安石在《洪范传》中引洪范语"貌曰恭，言曰从，视曰明，听曰聪，思曰睿"，盖为此义。而引"恭作肃，从作乂，明作哲，听作谋，睿作圣"，则是修养的结果。为此，他要求修习"五事"必须做到"'不失色于人，不失口于人，不失足于人'。不失色者，容貌精也；不失口者，语默精也；不失足者，行止精也"（《礼乐论》）。王安石认为"五事"有先后次序，"恭其貌，顺其言，然后可以学而至于哲；既哲矣，然后能听而成其谋；能谋矣，然后可以思而至于圣"（《洪范传》）。其中又"以思为主"，"思"是最重要的环节，它能使"事之所成终而所成始也"，而达到"圣"的境界。

就王安石的"五事成性""作圣"的总体来看，他的道德修养论与包括理学在内的唯心主义先验论相对立,闪烁着朴素唯物主义的思想光芒,是其"待人力而后万物以成"(《老子》)思想在道德修养论中的体现。但是,他对道德修养的最高境界——"圣"显然作了神秘化地夸大。

第十二章

二程以"天理"为核心的道德观和道德教育思想

二程在中国思想史上是指程颢与程颐两兄弟，他们是北宋著名哲学家、教育家，宋明理学伦理思想的主要奠基人。

　　程颢，字伯淳，洛阳（今属河南）人。与弟弟程颐就学于周敦颐。"自十五六时与弟颐闻汝南周敦颐论学，遂厌科举之习，慨然有求道之志；泛滥于诸家，出入于老、释者几十年，返求诸六经而后得之。秦汉以来，未有臻斯理者，教人自致知止于知止，诚意至于平天下，洒扫应对至于穷理尽性，循循有序。"他为人"克实有道""和粹之气，盎于面背；门人交友从之数十年，亦未尝见其忿厉之容"，人称明道先生。程颐，字正叔。自幼就致力于求"圣人之道"。"年十八，上书阙下，欲天子黜世俗之论，以王道为心。游太学，见胡瑗问诸生颜子所好何学，颐因答曰：学以至圣人之道也。"（以上均见《宋史·道学列传》）官至崇政殿说书，人称伊川先生。

　　后人在研究二程的思想时，大多认为其理论具有同质性，所以放在一起进行论述。也有人认为二者的思想具有很大差异，不能一概而论。早在南宋时，心学家陆九渊就认为二程思想存在着区别。他说："元晦似伊川，钦夫似明道。伊川蔽锢深，明道却疏通。"（《陆九渊集·年谱》卷三十六）把朱熹比作程颐，把张栻比作程颢，并肯定大程，批评小程，以示褒贬。而将二者系统地分而论之，始于蔡元培，而不是冯友兰①。蔡元培在其1910年

---

① 北京大学陈少峰教授认为对二程的思想分而论之始于冯友兰的《中国哲学史》。参见陈少峰：《中国伦理学史》（上卷），北京大学出版社1996年版，第310、326页。

由商务印书馆初版的《中国伦理学史》中，就指出："伊川与明道，虽为兄弟，而明道温厚，伊川严正，其性质皎然不同。故其所持之主义，遂不能一致。虽其间互通之学说甚多，而揭其特具之见较之，则显为二派。如明道以性即气，而伊川则以性即理，又特严理气之辨。明道主忘内外，而伊川特重寡欲。明道重自得，而伊川尚穷理。盖明道者，粹然孟子学派；伊川者，虽亦依违孟学，而实荀子之学派也。其后由明道而递演之，则为象山、阳明；由伊川而递演之，则为晦庵。所谓学焉而各得其性之所近者也。"① 蔡元培在其《中国伦理学史》中将二程分开论述，这早于1934年由商务印书馆初版的冯友兰的《中国哲学史》二十多年。并且冯友兰与蔡元培不同，他认为二程的思想基本是一致的："二程之间是大同而小异，这个小异是相对于大同而说的。"②事实上，大多数学者均认为二程思想具有同质性，即"大同小异"。侯外庐在他主编的《中国思想通史》里说："二程的哲学思想和他们的政治思想相似，大体上是一致的。当时他们的弟子每每在记录师说时也并不加以分别，虽有人提到二程的性情、气象有所不同，如程颢和易、程颐严重，但对于他们的学术当时从无人指出有什么分歧。近人或说程颢开启陆王一派的渊源，程颐则开启朱熹一派的渊源，这种论断并不合于史实。"③这一说法很具有代表性。鉴于此，本章也采用将二程的道德观和道德教育思想合而论之。

---

① 蔡元培：《中国伦理学史》，东方出版社1996年版，第96—97页。
② 辛冠洁、丁健生、蒙登进等主编：《中国古代著名哲学家评传》第三卷上册，齐鲁书社1981年版，第275页。
③ 侯外庐：《中国思想通史》第四卷（上），人民出版社1957年版，第572页。

一 二程以"天理"为核心的道德观

"天理"论是二程全部伦理学说的理论基石。程颐曰:"在天为命,在义为理""吾学虽有所受,天理二字却是自家体贴出来"(《二程集·河南程氏外书》卷十二)。在中国伦理学史上,"天"和"理"的概念很早就出现过,但是将"天理"并提,始见于《庄子·养生主》:"依乎天理,批大郤,导大窾。"这里的"天理"指天然的条理。《韩非子·大体》中也出现过"不逆天理",这里的"天理"是指自然法则。而把"天理"作为自己学说体系的最高范畴,作为整个学说的基石的,的确是二程"自家体贴出来"的,前人还未有过。[1] 这是中国古代哲学伦理学的一次飞跃。这不仅是因为他们将传统儒学无本论发展到抽象、思辨的理本论,更有意义的是他们赋予"天理"以崭新的哲学与伦理学双重含蕴,将"天理"的本体精神和终极意义贯彻到其伦理思想的全部学说当中,创造性地建立了一个以天理论为核心的理学伦理学体系。[2]

1. 天理圣人循而行之谓道

二程的"天理"从哲学角度来说,是指宇宙的本原,从伦理学角度来讲,是指道德的起源,即道德起源于"天理"。

二程继承了儒家的传统思维方式,据天道以明人道,使伦理规范合于"天理"。"所以谓万物一体者,皆有此理,只为从哪里来,生生之谓易,生则一时生,皆完此理。"也就是说,万物皆从"天理"来,"理"生万物,万物"生"的意义就在于"完此理","天理"是派生万物

---

① 朱贻庭主编:《伦理学大辞典》,上海辞书出版社 2002 年版,第 360 页。
② 章启辉:《二程天理论的伦理特质》,载《湖南大学社会科学学报》1994 年第 1 期。

的绝对本体，万物一"理"。"理则天下只是一个理，故推至四海而准，须是质诸天地，考诸三王不易之理。故敬则只是敬此者也，仁是仁此者也，信是信此者也。""天理云者，这一个道理，更有甚穷已？不为尧存，不为桀亡。人得之者，故大行不加，穷居不损。"万物所共同拥有的"天理"是普遍的，"推至四海而准"；是至上的，没有"甚穷"；是必然的，"不为尧存，不为桀亡"；也是永恒不变的，"质诸天地，考诸三王不易""大行不加，穷居不损"（以上均见《二程集·河南程氏遗书》卷二上）。

　　"天理"本身不仅是自满自足的，无亏欠，不加不损，不以圣人和暴君的意志为转移，而且还是包含了一切事物之"理"，万物皆依赖于"天理"而存在。因此，二程认为圣人循天理而行就称为"道"、称为"德"。"天有是理，圣人循而行之，所谓道也。"（《二程集·河南程氏遗书》卷二十一下）"有德者，得天理而用之。"（《二程集·河南程氏遗书》卷二上）可见，二程认为，"天理"就是"道""德"的起源，没有"天理"，就没有"道""德"。

　　依"天理"而存的"道""德"在二程那里，显然是封建人伦纲常的抽象。二程曰："忠信者，以人言之，要之则实理也""道之外无物，物之外无道，是天地之间无适而非道也。即父子而父子在所亲，即君臣而君臣在所敬，以至为夫妇、为长幼、为朋友，无所为而非道，此道所以不可须臾离也。然则毁人伦、去四大者，其分于道也远矣"（《二程集·河南程氏遗书》卷四）。"父子君臣，天下之定理，无所逃于天地之间""为君尽君道，为臣尽臣道，过此则无理"（《二程集·河南程氏遗书》卷五）。"且如五常，谁不知是一个道。"（《二程集·河南程氏遗书》卷十八）"仁义礼智信……合而言之皆道，别而言之亦皆道也。"（《二程集·河南程氏遗书》卷二十五）也就是说,儒家"五常""五伦"是"道""德"的内容,违反了"五常""五伦",就是违反了"道""德",也就是违反了"天理"。既然"天理"是普遍的、至上的、必然的、永恒不变的,那么作为"五常""五伦"的"道""德"也是普遍的、至上的、必然的、永恒不变的,以此论证了封建伦理制度的神圣性,维护封建统治秩序。

2."天命之性"与"气禀之性"

二程在人性论上主张人性"二重"说。在二程伦理学体系当中,"性"与"理"是同一的。二程曰:"性即理也,所谓理,性是也。天下之理,原其所自,未有不善。喜怒哀乐未发,何尝不善? 发而中节,则无往而不善。"(《二程集·河南程氏遗书》卷二十二上)也就是说,"理"就是"性","性"就是"理",二者是一致的。不仅如此,由于"天理"是宇宙的本体,万物由其滋生,"天理""未有不善",因此,与"理"同一的"性"也应当是善的,即二程主张性善论。性善论的逻辑推导十分清晰,那就是由"理""性"同一,到"理"本善与"性"本善的相互一致。性善论是孟子的发明,但二程的性善论与孟子不同,因为二程为其性善论寻找到了"理"本善的形而上学根据,从而从本体论上弥补了孟子人性论的哲学缺陷。

然而,现实道德生活中人性与"性本善"存在着显著的不一致:现实人性并非都是善,而是充斥着大量的恶。对此,二程同许多学者一样,并未对此予以回避。恰恰相反,他们把现实人性中有善有恶作为自己道德修养和道德教育理论的重要依据,认为现实人性中若没有恶,道德修养和道德教育就没有任何存在的必要。既然人性本善,那么,现实人性中为什么有善有恶? 对此二程必须首先加以回答。二程认为,人性有两种:"天命之性"和"气禀之性"。"性字不可一概论。'生之谓性',止训所禀受也。'天命之谓性',

此言性之理也。"(《二程集·河南程氏遗书》卷二十四)这里的"天命之谓性"是指"天命之性","生之谓性"是指后天"所禀受"的"性"。"天命之性"是"性之理""性之本",是在具体的人还没有诞生以前,以"理"的宇宙本体形式而存在着的"性"。"凡言性处,须看他立意如何。且如言人性善,性之本也;生之谓性,论其所禀也。孔子言性相近,若论其本,岂可言相近? 只论其所禀也。"(《二程集·河南程氏遗书》卷十八)人一旦诞生,由于其"气禀"不同,"性"就会有所差异,就会有善恶之分。二程说:"有自幼而善,有自幼而恶,是气禀有然也。"(《二程集·河南程氏遗书》卷一)因此,我们可以把二程的"天命之性"看作先天之性,把"气禀之性"看作后天之性。后天之性经过"气禀"之后为什么就会出现有善有恶呢? 二程说:"气有善与不善,性无不善。人之所以不知善者,气昏而塞之耳。"(《二程集·河南程氏遗书》卷二十一上)"性出于天,才出于气,气清则才清,气浊则才浊。譬犹木焉,曲直者性也,可以为栋梁、可以为榱桷者才也。才则有善与不善,性则无不善。"(《二程集·河南程氏遗书》卷十九)后天的性是经过"气禀"而来的,二程又把它称作"才",由于"气"有善恶、清浊,因此"才"有善恶。换句话说,人诞生时,"天命之性"要通过"气"转化为"气禀之性",当所"禀"的"气"善、清,则现实的人性就善,当所"禀"的"气"恶、浊,则现实的人性就恶。这样,二程就为其人性论提供了较为圆满的论证,弥补了前人人性论的理论缺陷。二程的人性"二重"说一方面告诉我们后天"气禀"对养成人的德性至关重要,应当在幼童时期就十分重视道德环境的影响作用;另一方面,人们又多少能从中找到道德宿命论的影子,即现实中的人性善恶自出生时就已确定,这显然是二程人性论的不足之处。

3. 以理胜气、明理灭欲

二程在道德修养论上主张"以理胜气"和"明理去欲"。在二程看来,理本善,性本善,现实的人性之所以有善恶,是因为"气"有善恶、清浊。要想从善,恢复人的本性,就必须让"理"和"气"做斗争,"以理胜气"。二程说:"义理与客气常相胜,又看消长分数多少,为君子小人之别。义理所得渐多,则自然知得,客气消散得渐少,消尽者是大贤。"(《二程集·河南程氏遗书》卷一)当"理"胜"气",则为"君子""大贤","气"胜"理",则为"小人"。"理""气"的消长关系就决定了一个人的道德品质和道德人格。"凡人血气,需要理义胜之。"(《二程集·河南程氏遗书》卷二十二上)"理胜则事明,气胜则招怫。"(《二程集·河南程氏遗书》卷十一)然而,"以理胜气"并不是一件容易做到的事,很多人都是因担心道德谴责才去"胜气",而不是以"理"去"胜气","今之人以恐惧而胜气者多矣,而以义理胜气者鲜也"(《二程集·河南程氏遗书》卷十一)。这样做并不能消除"气",只能是暂时压制了"气",善的人性并没有真正恢复。如果能做到"以理胜气",就可以逐渐彻底消除"气",恢复人的善本性。

那么人们为什么很难做到"以理胜气"呢? 在二程看来,是"欲"在作梗。他们说:"人之不为善,欲诱之也,诱之而不知,则至于天理灭而不知反。故目则欲色,耳则欲声,以至鼻则欲香,口则欲味,体则欲安,此皆有以使之也"(《二程集·河南程氏遗书》卷二十五),"人心莫不有知,惟蔽于人欲,则亡天德也"(《二程集·河南程氏遗书》卷十一)。正是由于"欲"的引诱,才使得人们"不为善",甚至导致"天理灭而不知反"。也正是由于"欲"的蒙蔽,才使得"亡天德"。"理"和"欲"是根本对立的,是不能一致的,是"难一"的。"大抵人有身,便有自私之理,宜其与道难一。"(《二程集·河南程氏遗书》卷三)并且"欲"的危害是巨大的,"利者,众人所同欲也。专欲益己,其害大矣。欲之甚,则昏蔽而忘义理;求之极,则侵夺而致仇怨"(《二程集·河南程氏粹言》卷一)。因此,"理""欲"水火不容,不是"理",就是"欲",无私欲,则都是天理,因此二程明确提出:"人心私欲,故危殆。道心天理,故精微。灭私欲则天理明矣。"(《二程集·河南程氏遗书卷》二十四)从而把"明理灭欲"作为恢复善本性、进行道德修养的重要原则加以肯定。

二　二程"格物穷理"的道德教育思想

程颢、程颐是宋明理学的奠基人、洛学开山,毕生致力于讲学授道,是北宋著名的教育家。二程在他们长达几十年的教育活动中,将教育思想和以"天理"为核心的伦理道德观结合起来,初步建立起"格物穷理"的道德教育思想体系。二程说:"学也者,使人求于内也。不求于内而求于外,非圣人之学也。何谓不求于内而求于外? 以文为主者是也。学也者,使人求于本也,不求于本而求于末,非圣人之学也。何谓不求于本而求于末? 考详略、采同异者是也。是二者皆无益于吾身,君子弗学。"(《二程集·河南程氏遗书》卷二十五),"求于内"是二程以"天理"为核心的道德观在提高道德认知中的必然要求,具体来说,通过道德教育以提高道德认知,首先就是要"格物穷理"。

1. 格物穷理

二程说:"格犹穷也,物犹理也,犹曰穷其理而已也。"(《二程集·河南程氏遗书》卷二十五)"格物"和"穷理"是不可分割的,"格物"是为了"穷理","穷理"必须"格物"。"穷理"有不同途径,需要掌握一定的方法,二程说:"格物穷理,非是要尽穷天下之物,但于一事上穷尽,其他可以类推。……所以能穷者,只为万物皆是一理,至如一物一事,虽小,皆有是理。"(《二程集·河南程氏遗书》卷十五)他们认为万物虽表现形态各异,但透过现象看本质,均是"一理"。因此,"格物穷理"并不是要穷尽万物,只要能穷尽一物,就可知"理",知道一物的"理",就知道了万物的"理",也就是从个性中可知共性,从个别中可知一般。同时,二程又看到了人们在"格物"时认识上的局限性,"若只格一物便通众理,虽颜子亦不敢如此道。须是今日格一件,明日又格一件,积习既多,然后脱然自有贯通处"(《二程集·河南程氏遗书》卷十八)。这句话的意思是讲,虽说格一物而"通众理"从认识论上讲具有可能性,但限于人的认识的局限性,常常难以做到这一点,因此,"穷理"的最好做法是"今日格一件,明日又格一件",然后融会贯通,就是常人也可以"穷理"。透过众多的道德现象去认知、领悟道德的本性,从而达到融会贯通,才能使自己成为有德行的人。不仅仅如此,由于二程主张人性"二重"说,认为"天命之性"先于人而存在,性本善,只是人诞生时"气禀"不同才有善恶之分,因此,只有通过"格物穷理",才能去认知自己固有的"天命之性",也才能达到道德认识的至上性。这就决定了在知行关系上,二程主张知先行后,"须是识在行之先,譬如行路,须得光明""知有浅深,则行有远近"(《二程集·河南程氏粹言》卷一)。这是二程道德教育思想的重要特点。

二程主张万物"一理",千差万别、形形色色的万事万物都有共同的"理"。"天下之志万殊,理则一也。君子明理,故能通天下之志。圣人视亿兆之心犹一心者,通于理而已。"(《二程集·周易程氏传》卷一)"庄子齐物。夫物本齐,安俟汝齐?凡物如此多般,若要齐时，别去甚处下脚手？不过得推一个理一也。"(《二程集·河南程氏遗书》卷十九)万物之间因共有"理"而彼此贯通，没有不可逾越的障碍。"天下只有一个理，既明此理，夫复何障？若以理为障，则是己与理二。"(《二程集·河南程氏遗书》卷十八)在此基础上，二程进一步提出"己与理一"，认为人同"理"是高度一致的。"大而化，则己与理一。一则无己。"(《二程集·河南程氏遗书》卷十五)如前所述，二程的"理"是和以封建"五常""五伦"为内容的道德相一致的。"己与理一"，就是要求人们的言行举止要同封建伦理道德规范保持高度一致；"无己"，就是要求人们在道德实践中高度自觉，以达到忘我、无我的境界，从而使封建伦理纲常与自己浑然一体。若不能做到这一点，则是"未化"，连禽兽都不如。"大而化之，只是谓理与己一。其未化者，如人操尺度量物，用之尚不免有差。"(《二程集·河南程氏遗书》卷十五)"人之所以为人者，以有天理也。天理之不存，则与禽兽何异矣？"(《二程集·河南程氏粹言》卷二)正是由于二程主张"己于理一"，才使得其在道德教育实践中极力主张"近取诸身"，"一身之上，百理具备，甚物是没底"(《二程集·河南程氏遗书》卷二下)？"学者不必远求，近取诸身。"(《二程集·河南程氏遗书》卷二上)

2. 上智下愚亦有可移之理

二程反对孔子的"惟上智与下愚不移"的道德命题，认同孟子"人皆可以为尧舜"的道德命题，认为上智下愚，"亦有可移之理"。二程首先提出"性一"论，认为人的本性，即"天命之性"，没有贵贱之分，都是同一的，"圣人"和常人没有区别。"性即是理，理则自尧、舜至于涂人，一也。"(《二程集·河南程氏遗书》卷十八)"人之性一也，而世之人皆曰吾何能为圣人，是不自信也。……圣人之所为,人所当为也。尽其所当为,则吾之勋业,亦周公之勋业也。凡人之弗能为者,圣人弗为。"(《二程集·河南程氏遗书》卷二十五)二程在主张"性一"论的同时,也肯定人有"上智下愚"之分。由于人除了"天命之性"以外,还有"气禀之性",在"气禀之性"上,人与人之间还是有"上智下愚"之分的。二程曰:"上智下愚才也,性则皆善"(《二程集·河南程氏外书》卷六),"德性谓天赋天资,才之美者也"(《二程集·河南程氏遗书》卷二上)。这里的"才"正如前文所述,是二程人性论中的重要概念,"性出于天,才出于气,气清则才清,气浊则才浊。譬犹木焉,曲直者性也,可以为栋梁,可以为榱桷者才也。才则有善与不善,性则无不善"(《二程集·河南程氏遗书》卷十九)。由于"气"有清浊,"出于气"的"才"就有差别,在二程那里,"上智下愚"就是这些差别的必然产物。

但是,二程坚决反对"惟上智与下愚不移"。二程曰:"孔子谓上智与下愚不移,然亦有可移之理,惟自暴自弃者则不移也。……性只一般,岂不可移? 却被他自暴自弃,不肯去学,故移不得。使肯学时,亦有可移之理。"(《二程集·河南程氏遗书》卷十八)二程认为,既然人的"天命之性"是同一的,"上智"和"下愚"就不应该有不可逾越的障碍,只要"肯学",人人均可达到"上智",之所以有"下愚",完全是因为这些人"自暴自弃"的缘故。因此,二程非常看重"学"。他们说:"尧舜是生而知之,汤武是学而能之。文王之德则似尧舜,禹之德则似汤武,要之皆是圣人"(《二程集·河南程氏遗书》卷二上),"学而后知之也,而其成也,与生而知之者不异焉。故君子莫大于学,莫害于画,莫病于自足,莫罪于自弃。学而不止,此汤、武所以圣也"(《二程集·河南程氏遗书》卷二十五)。对"学而知之"的强调,无疑为二程的道德教育学说体系提供了强有力的理论支撑。

3. 学为圣人

"学为圣人"是二程道德教育的最终目的,是其道德教育的理想。二程说:"言学便以道为志,言人便以圣为志""人皆可以至圣人,而君子之学则必至于圣人而后已。不至于圣人而后已者,皆自弃也"(《二程集·河南程氏遗书》卷二十五)。据此,"圣人"是二程道德教育的理想人格,道德教育就是要培养、造就"圣人"。

为了培养、造就"圣人",二程认为应当从婴儿抓起,注重早期教育。二程说:"人自孩提,圣人之质已完,只先于偏胜处发"(《二程集·河南程氏遗书》卷六),"勿谓小儿无记性,所历事皆能不忘。故善养子者,当其婴孩"(《二程集·河南程氏遗书》卷二下)。之所以重视对婴儿进行道德教育,是因为婴儿处于童蒙时期,一切均"未发""未能触",可塑性大,易于养成好的品德。"未发之谓蒙,以纯一未发之蒙而养其正,乃作圣之功也。发而后禁,则扞格而难胜。养正于蒙,学之至善也。"(《二程集·周易程氏传》卷一)"教人之术,若童牛之牿,当其未能触时,已先制之,善之大者。"(《二程集·河南程氏遗书》卷二上)不仅如此,二程甚至还提倡胎教。"古人虽胎教,与保傅之教,犹胜今日庠序乡党之教。古人自幼学,耳目游处,所见皆善,至长而不见异物,故易以成就。"(《二程集·河南程氏遗书》卷二上)

为了培养、造就"圣人",二程在道德教育中反复强调"立志"和"敬""诚"的重要性。二程说:"立志则有本。譬之艺术,由毫末拱把,至于合抱干云者,有本故也""根本既立,然后可立趋向"……在二程看来,要实现"圣人"的理想人格,就必须先"立志",确立远大理想,然后去努力,"趋向"圣人。否则,追求"圣人"这一理想人格就会受到外物的诱惑而不可求。仅仅"立志"还不够，还要主"敬"。二程说："敬有甚形影，只收敛身心，便是主一，且如人到神祠中致敬时，其心收敛，更着不得毫发事，非主一而何?""敬"是"收敛身心""主一"，是不分散心志，一个人只要能做到一心一意，心存"天理"，就能时刻坚持自己的志向，不断趋向"圣人"。如果不"敬"，那么就会"私欲万端生焉"，"学为圣人"就会可欲不可求。有了"敬"，还要存"诚"，"无妄之谓诚"，"诚"是真实、无邪、无欺的意思，"进学不诚则学杂，处事不诚则事百，自谋不诚则欺心，心而弃己，与人不诚则丧德而增怨"(以上均见《二程集·河南程氏粹言》卷一)。没有"诚"，就会"增怨""丧德"，更不用说"学为圣人"了。二程重视道德教育中人们以"敬""诚"之心追求理想道德人格的重要性，强调立志的作用，对我们今天加强和改进学校与家庭的道德教育是具有重要启示意义的。

第十三章

朱熹以"理"为基础的道德观和道德教育思想

朱熹生活在我国南宋时期,封建社会内部的阶级矛盾和民族矛盾日趋尖锐。朱熹站在维护封建统治阶级整体利益的立场上,继承了儒家的正统道德观念,在接受程颢、程颐的"理学"并汲取佛道思想的基础上,创造了一个庞大的客观唯物主义思想体系,成为宋代理学伦理思想的集大成者。

　　朱熹的一生,以 40 多年的主要精力从事学术研究和教育活动。他的伦理道德思想和道德教育理论,标志着正统儒家伦理思想和道德教育论发展到了一个历史完备形态,受到以后历代封建最高统治者的赞扬和推崇,作为"正统"思想,统治中国达 600 多年。客观分析朱熹以"理"为基础的道德观和道德教育思想,是我们窥探我国封建社会后期伦理道德思想和道德教育论的一面镜子。

一　朱熹以"理"为基础的道德观

　　"理"是程朱理学的最高哲学范畴。程颢、程颐第一次把理作为最高本体,建立了理本论哲学。他们认为,"理"是"形而上者",是事物之"所以然者",是永恒不变的宇宙本体,万事万物都是从"理"派生出来的。朱熹进一步发展了二程思想,提出了"理"先于天地万物而存在,又是天地万物的"主宰",是万事万物运动变化的推动者。他说:"未有天地之先,毕竟也只是理,有此理,便有此天地。若无此理，便亦无天地，无人无物，都无该载了。有理便有气流行发育万物。"(《朱子语类》卷一)，朱熹所谓的"理"，主要是以社会伦理道德为核心的精神本体。他说："'未有这事，先有这理'，如未有君臣，已先有君臣之理，未有父子，已先有父子之理。"(《朱子语类》卷九十五)朱熹把封建伦理道德的"理"，提高到宇宙本体论的高度，并以"理"为基础，阐述了他的伦理道德观。

朱熹的主要道德观点有以下几方面：

1. 理一分殊

朱熹一方面接受二程"理一分殊"的理论，另一方面融合佛教"一"即一切，一切即"一"和月印万川的思想，把"理一分殊"作为其理一元论的道德哲学重要命题。

首先，朱熹把体现封建伦理道德的"理"，看作是整个宇宙的总的"理"。他说："宇宙之间，一理而已。天得之而为天，地得之为地，而凡生于天地之间者，又各得之以为性。其张之为三纲，其纪之为五常，盖皆此理之流行，无所适而不在。"(《朱文公文集·读大纪》)朱熹把这个宇宙的总的"理"，又叫作"太极"。他说，"太极只是个极好至善底道理……是天地人物万善至好底表德。"(《朱子语类》卷九十四)他还强调："纲理之大者有四，故命之曰仁、义、礼、智。"(《朱文公文集·答陈器之》)朱熹把"理"看作是宇宙万物的本原，支配自然、社会的绝对神圣，又是至高至善的道德本体，目的是把封建伦理道德观念神圣化、绝对化，赋予封建的纲常以至高无上的权威，要求人们绝对服从。

其次，朱熹认为体现封建伦理道德的"理"，不是脱离人们的具体道德实践，而是反映在形形色色的道德关系中。他认为，总合天地万物的"理"，只是一个，分开来，每个事物都各有一个"理"。但是，千差万殊的事物都是那个理一的体现。他说："万物皆有此理，理皆同出一原。但所居之位不同，则其理之用不一。"(《朱子语类》卷十八)又说："伊川说得好，曰：'理一分殊'。合天地万物而言，只是一个理；及在人，则又各自有一个理。"(《朱子语类》卷一)他认为：知其理一，所以为仁，便可以推己及人；知其分殊，所以为义，故爱必从亲人开始，从具体的道德实践中体现仁爱精神。朱熹还把总天地万物之理，说成"太极"。"理一分殊"，就是"人人有一太极，物物有一太极"(《朱子语类》卷五十四)。"理一分殊"就是太极包含万物之理，万物分别完整地体现整个太极，如同佛学说的"一月普现一切水，一切水月一月摄"。

朱熹从客观唯心主义的以"理"为本的道德本体论出发，通过"理一分殊"的理论阐释，力图论证封建制度及其伦理纲常的合理性。他说："万物皆有此理，理皆同出一源，但所居之位不同，则其理之用不一。如为君须仁，为臣须敬，为子须孝，为父须慈。物之各具此理，事物之各异其用，然莫非一理之流行也。"(《朱子语类》卷十八)

应当指出，朱熹"理一分殊"的道德理论，颠倒了社会存在与社会意识、个别与一般的关系，从道德本体论上说，具有客观唯心主义的理论特征，是直接为维护封建伦理道德服务的。同时，"理一分殊"这一命题，通过朱熹的深入道德理论分析，或多或少揭示了社会一般伦理原则与个别伦理原则的关系实质，对于我们认识道德现象中一般与个别的辩证关系，仍有一定的启发意义。

2. 仁包五常

与朱熹上述"理一分殊"的观点相一致，他把整个封建社会的"三纲五常"看作是一个以"仁"为核心的严密的伦理道德规范体系。"仁"是总的"天理","仁"统"三纲","仁包五常"(《论语或问》卷十五)。在"三纲"中,他尤为重视君为臣纲,父为子纲。他说:"仁莫大于父子,义莫大于君臣,是谓三纲之要,五常之本,人伦天理之至,无所逃于天地之间。"(《朱文公文集·癸未垂拱奏割二》)在"三纲"中,父为子纲是"三纲"的基础,"仁"与"义"相比,"仁"是根本。在"五常"中,仁"兼统四者"(四者即义、礼、智、信,见《孟子集注》卷三)。

朱熹认为,"仁"是整个封建道德规范的核心,由"仁"制约义、礼、智、信、孝、悌、忠、恕、节等其他道德规范,从根本上调节君臣、父子、夫妇、兄弟、朋友等各种人伦与宗法等级关系。他说:"仁者,心之德,爱之理。"(《孟子·梁惠王上》注)"仁者,心之德"的意思,是说"盖仁是个心中个生理,常流行生生不息,彻始终无间"(《北溪字义》卷上)。作为"心之德"的"仁"就是生生不息之"天理"。所谓"仁者,爱之理",是说"仁"是本质,"爱"是它的具体表现。朱熹说:"仁是体,爱是用""爱是仁之情,仁是爱之性"(《朱子语类》卷六)。"仁"是人心之根本德性,这种德性是"天理","常流行生生不息",表现在一系列具体道德规范之中。他指出:"犹五常之仁,恰似有一个小小底仁,有一个大大底仁。偏言则一事,是小小底仁,只做得仁之一事,专言则包四者,是大大底仁,又是包得义、礼、智、信底。"(《朱子语类》卷六)就是说,"仁"作为总的"天理",一方面月印万川,体现在人们日常的行为实践之中;一方面又包容义、礼、智、信等具体之"理"。

在朱熹看来,"仁"是整个封建伦理纲常的根本,"义"是"仁"的决断,按照"仁"的要求去适当地行动,"义者,事之宜也"(《论语集注》卷一);"智"是对"仁"的明辨,"智,犹识也"(《大学章句》经一章）;"礼"是按"仁"的要求行事时,注重合乎"仁"的标准的礼节,"礼者,天理之节文,人事之仪则也"(《论语集注》卷一);"信"是笃信,"信便是真个有仁义礼智,不是假"(《朱子语类》卷二十)。

尽管朱熹宣扬的封建伦理纲常打着"仁爱"的幌子,但在本质上是直接为维护封建宗法关系和封建专制制度服务的。朱熹认为,"仁"是爱的意思,行爱应从孝、悌始。他说:"善事父母为孝""善事兄弟为悌"(《论语集注》卷一)。孝敬父母、恭爱兄弟是中国人的传统美德。但是,朱熹要求人们绝对服从父母、兄弟的真正目的,是养成"无犯上作乱"的奴性,维护上对下的绝对统治与压迫。他强调"忠",主要是臣民对君主的忠诚。他说:"尽己之心而无隐,所谓忠也。"(《论语或问》卷一)又说"臣事君以忠"(《朱子语类》卷二十五),即要求臣民对封建君主在思想上要绝对忠诚无隐,在行动上要全力效忠。他提倡"恕",认为"尽己为忠,推己为恕""合忠恕正是仁"(《朱子语类》卷二十七)。还说,按忠恕的道德要求行事,就是"己欲立而立人,己欲达而达人"(《朱子语类》卷六十三)。但他对于贫苦农民对封建统治的起义、反抗,则公开主张严惩、镇压。他鼓吹夫为妇纲,主张男尊女卑,对于丈夫绝对服从,把"饿死事极小,失节事极大"的封建说教,称为"天性人心不易之理"(《朱文公文集》卷九十九)。他还把夫丧守寡看作是妇女守节的表现,加以赞赏。正是在这种封建伦理思想的毒害下,我国无数妇女丧失了青春,被剥夺了生活幸福,成为"吃人"礼教的殉葬品。

3. 性同气异

在人性问题上,朱熹考察了先秦以来历代思想家的观点,继承和发展了张载和二程的"性同气异"说,完成了对儒家人性论的理论总结。朱熹肯定了孟子的"性善"论,但指出孟子"尽是说性善,至有不善，说是陷溺。是说其初无不善，后来方有不善耳。若如此，却似论性不论气，有些不备。"（《朱子语类》卷四）他认为，孟子只讲"天命之性"，没有讲"气质之性"，所以人性理论有缺陷。朱熹批评荀子的"性恶"论，认为"荀子只见得不好人底性，便说做恶""论气不论性"，只知气质之性，不知天命之性，所以不知善从何来。他赞同二程论性的理论原则："论性不论气，不备；论气不论性，不明。"朱熹认为看待人性只有既讲"天地之性"，又讲"气质之性"，才能"一齐圆备了"（《朱子语类》卷四）。

朱熹的人性论，以理一元论和"理一分殊"为立论根据，认为宇宙一理而万物"分立以为体"，"分"之于人、物的"理"，就是人、物之性。他说："这个理在天地间时，只是善，无有不善者。生物得来，方始名曰'性'。只是这理，在天则曰'命'，在人则曰'性'"，"性即理也"（《朱子语类》卷五）。这就是所谓"天命之性"（又称"天地之性"），凡人同有此性，本无差异。朱熹认为"天地之性"，就是仁义礼智，"百行万善总于五常，五常又总于仁"（《朱子语类》卷六）。

那么，人为什么会有"不善"呢？朱熹认为，这是因为人还有"气质之性"的缘故。他说："人之所以生，理与气合而已。天理固浩浩不穷，然非是气，则虽有是理而无所凑泊。"（《朱子语类》卷四）朱熹认为，就"天地之性"之言，人、物之性"本同"，但就"气质之性"而言，由于禀气不同，有"昏明厚薄"之异，不仅人、物有别，而且人与人之间也各个有别，这就叫"性同气异"。他说："人物性本同，只气禀异。"又说："人性虽同，禀气不能无偏重。"正是人的"气质之性"的差异，造成人性善与不善的差别。他说："天地间只是一个道理，性便是理。人之所以有善有不善，只缘气质之禀各有清浊。"还说："人之性皆善。然而有生下来善底，有生下来便恶底，此是气禀

不同。"(以上均见《朱子语类》卷四)

朱熹的"性同气异"说,尽管从理论上使儒家的人性学说"圆备"了,但却同时导致了极端的道德宿命论和人生宿命论,归于一切都是"天所命",从早期儒家人性理论上倒退了。他说:"都是天所命。禀得精英之气,便为圣,为贤,便是得理之全,得理之正。禀得清明者,便英爽;禀得敦厚者,便温和;禀得清高者,便贵;禀得丰厚者,便富;禀得久长者,便寿;禀得衰颓薄浊者,便为愚、不肖,为贫,为贱,为夭。天有那气生一个人出来,便有许多物随他来。"(《朱子语类》卷四)朱熹把一个人道德的善恶和生活的富贵、贫贱都归之为"天所命",表现出他作为封建道德和政治体制的卫道士立场。

应当指出,朱熹把人们的道德品质说成是由气禀而定,是先天赋予的,那就必然否定人后天道德教育和道德修养的必要性。但是,实际上朱熹为了维护封建伦理道德,又竭力强调道德教育和道德修养的重要性。为了解决这一内在矛盾,他主张发挥"心"的"主宰"作用去变化"气质",复明"天理",从而为他的道德教育论提供理论根据。

4. 明天理,灭人欲

在"理欲""义利"之辨上,朱熹从自觉维护封建道德和专制制度的立场出发,把"天理"与"人欲"、"义"与"利"绝对对立起来,主张"明天理,灭人欲",竭力宣扬禁欲主义的道德观。

朱熹的禁欲主义"理欲"观和"义利"观是建筑在他的人性论基础上的。他认为,人既有"天地之性",又有"气质之性"。人心若知觉到天命之性,体现天理,至上至善,无物欲之私,这叫"道心";人心若知觉气质之性,则受物欲之累,有气禀物欲之私,发而有善与不善之分，这叫"人心"。朱熹从"道心"与"人心"的对立，引出"天理"与"人欲"的对立，崇尚天理，贬斥人欲。他认为："天理"是宇宙与人性的本体，"天理自然""心之本然""循之则其心公而且正"（《朱文公文集》卷十三），因而追求天理才合乎人的本性，违背天理就违背人的自然本性。"人欲"是与"天理"相对立的概念。朱熹一般并不是把人的最起码的生活物质要求称之为人欲，而是把"不当"的物质欲望称作人欲。有人问："饮食之间，孰为天理，孰为人欲？"他说："饮食者，天理也；要求美味，人欲也。"（《朱子语类》卷十三）在他看来，人们的贪图物质享受的"人欲"，是造成社会混乱，纲纪败坏，天理不明的罪恶根源。

朱熹认为，"天理"与"人欲"从根本上说是互相对立的。他说："天理人欲，不容并立。"（《孟子集注》卷五）又说："人之一心，天理存则人欲亡，人欲胜则天理灭。"（《朱子语类》卷十三）人欲横流，必然严重危及封建道德纲常，只有维护封建的纲常伦理，制止和压抑人欲，才能维护封建社会的人伦道德秩序。他继承和发展了二程"灭私欲，明天理"的思想，认为"圣贤千言万语，只是教人明天理，灭人欲"（《朱子语类》卷十二），把"明天理，灭人欲"作为整个社会道德生活和道德教化的总纲领。他认为"天理"是"公"，"人欲"是"私"，天理与人欲的对立，就是公与私的对立。他说："仁义根于人心之固有，天理之公也；利心生于物我之相形，人欲之私也。"（《孟子集注·梁惠五上》）封建仁义道德"天于天下"是一个公共的天理，而私利之心的人欲"私于一己"，有害天理，危害社会。因此，朱熹认为："学者须是革尽人欲，复尽天理，方始是学。"（《朱子语类》卷十三）灭除人欲，才能存得天理。人欲越少，天理越明。他说："克得那一分人欲去，便复得一分天理来；克得那二分己去，便复得

这二分礼来。"(《朱子语类》卷四十一)

朱熹的禁欲主义"理欲"观,本质上是为维护封建剥削制度,压制劳动人民正当的物质需求、追求美好生活的愿望服务的。尽管他"明天理,灭人欲"的口号,从表面上看,为了维护封建道德和封建制度的神圣性,也包含着要求统治者的自我物欲节制,但他常常把统治者"好勇、好贵、好色之心",看作是"皆天理之所有,而人情之不能无者"(《孟子集注》卷二)。相反,他把劳动人民的物质要求仅限制在"饥则食,渴则饮"的最低限度的生存需要上,反对人民"要求美味",反抗残酷剥削,要求改善生活条件的正义愿望。他的"革尽人欲,复尽天理",直接有利于当时的封建统治阶级扼杀劳动人民等贵贱、均贫富的革命斗争,从精神上泯灭人们的变革意志。朱熹的"理欲"观虽然也在一定意义上揭示了道德理性在调节人们物质利益上的重要作用,但他把道德与利益绝对对立起来,滑向禁欲主义,在理论上也是荒谬的。

在朱熹的道德观中,"理欲"观是与"义利"观紧密联系在一起的。他说:"况天理人欲不两立,须得全在天理上行,方见得人欲尽。义与利,不待分辨而明。"(《朱子语类》卷一百二十三)朱熹把"天理人欲"与"义利"对应,以"理欲"观阐释"义利"观。

朱熹认为"事无大小,皆有义利"(《朱子语类》卷十三)。又说:"今人只一言一动,一步一趋,便有个为义为利在里。"(《朱子全书》卷五十七)那么,什么是"义"? 他说:"义者,天理之所宜。"(《论语集注·里仁》)"为义",就是以"天理"作为"当然之则",通过内心的自我把握,使待人处事都合乎"天理"。什么是"利"? 他说:"利者,人情之所欲。"(《论语集注·里仁》)比如"有心要人知,要人道好,要以此求利禄,皆为利也"(《朱子语类》卷六十)。"为利",就是遇事"计较利害""先有个私心",以一己之功名利禄作为行为的动机和目的。朱熹认为:"为义"还是"为利"是处事接物两种根本不同的道德价值取向。

朱熹继承了孔子"君子喻于义,小人喻于利"的思想,认为"古圣贤言治,必以仁义为先,而不以功利为急"(《朱文公文集》卷七十五)。又说:"对义言之,则利为不善。"(《论语或问》卷四)在他看来,"义"就是"天理","为义"就是遵循"天理",是善的;"利"就是"人欲","为利"就是服从"私欲","如此只利,如此则害",是恶的。因此,"为义"才是唯一正确的行为方针和价值取向。他指出:"凡事不可先有个利心,才说着利,必害于义。圣人做处,只向义边做。"(《朱子语类》卷五十一)他还说:"为义之人,只知有义而已,不知利之为利。"(《朱子语类》卷三十六)应当"不顾利害,只看天理当如此"(《朱子语类》卷二十七)。"行义",不可私存功利之心,"若行义便说道有利,则此心只邪向那边去"(《朱子语类》卷五十一)。朱熹非常赞赏董仲舒"正其谊(义)不谋其利,明其道不计其功"的说法,专把它写在白鹿洞书院,作为师生共勉的教条。

应当指出,朱熹重义轻利,并不是完全不要功利,而是要把功利纳入合乎封建仁义道德的轨道,为维护封建统治这个最大的"功利"服务。他说:"正其义则利自在,明其道则功自在;专去计较利害,定未必有利,未必有功。"(《朱子语类》卷三十七)朱熹之所以要人们"天理人欲、义利、公私分别得明白""明天理,灭人欲",是因为"其心有义利之殊,而其效有兴亡之异"(《孟子集注》卷十二)。就是说,人们的行为只有符合天理仁义,才能维护封建地主阶级统治,只要履行封建仁义,功利自然而来。

在当时人民革命斗争风起云涌,南宋封建统治岌岌可危的情势之下,朱熹倡导"明天理,灭人欲",一方面是多少对封建统治阶级的朝政腐败、世风衰微不满,希望统治者恢复封建道德,重振纲纪;一方面是对农民"均贫富"的革命思想感到恐惧,把教化劳动人民克除利欲当作"杀贼工夫"(《朱子语类》卷四十二),目的是"消尽"一切不利于封建统治和伦理纲常的"人欲",培养从"天理"的"为义"君子,控制百姓思想,直接为封建地主阶级的利益服务。朱熹"明天理,灭人欲"的思想,成为以后历代封建统治者愚化人民思想,"破心中贼"的重要思想武器。

二 朱熹"居敬穷理"的道德教育思想

道德教育是朱熹理学思想的重要组成部分。可以说,朱熹教育思想的主要内容是道德教育。朱熹自觉站在维护封建地主阶级利益的立场上,充分认识道德教育对于修身、治人、平天下的重大作用。他主张,应把道德教育放在教育工作的首位。他指出:"德行之于人大矣,士诚用力于此,则不唯可以修身,而推之可以治人,又可以及夫天下国家。故古之教者,莫不以是为先。"(《学校贡举私议》)

朱熹认为,道德教育的根本任务是"明天理,灭人欲"。他说:"修德之实,在乎去人欲,存天理。"(《与刘共父》)他所说的"天理",如上所述,是指以"三纲五常"为核心的封建伦理道德。对此,朱熹明确地说:"所谓天理,复是何物?仁义礼智,岂不是天理!君臣、父子、兄弟、夫妇、朋友,岂不是天理!"(《朱文公文集》卷五十九)因此,朱熹推行的道德教育,其实质是在"明天理,灭人欲"的旗帜下,进行以"三纲五常"为核心的封建伦理道德教育。他明确指出:"父子有亲,君臣有义,夫妇有别,长幼有序,朋友有信,此人之大伦也。庠、序、学、校,皆以明此而已。"(《孟子集注》卷五)又说:"学校之设所以教,天下人为忠为孝也。"(《朱子语类》卷一〇九)

朱熹是我国古代的一位杰出的教育家,他的一生大部分时间是在聚徒讲学中度过的,在长期的教育实践中,积累了极为丰富的道德教育经验。他在白鹿洞书院亲手写了以道德教育为宗旨的"学规"。他指出"教人为学之意"即教育的根本目的,在于"讲明义理以修其身,然后推以及人",并规定"父子有亲,君臣有义,夫妇有别,长幼有序,朋友有信"为"五教之目","博学之,审问之,慎思之,明辨之,笃行之"为"为学之序","言忠信,行笃敬;惩忿窒欲,迁善改过"为"修身之要","正其义不谋其利,明其道不计其功"为"处事之要","己所不欲,勿施于人,行有不得,反求诸己"(《朱文公文集》卷七十四)。这个著名的《白鹿洞书院揭示》,概括了以儒家为代表的封建正统道德的要旨,实际上是朱熹为师生共同订立的"道德教育大纲"。

朱熹的道德教育思想内容较为丰富,其中具有个性特色的观点和方法如下述:

1. 居敬穷理

朱熹认为,道德教育和道德修养的基本方法和过程,是引导人们"居敬穷理"。他说:"学者功夫,唯在居敬穷理二事。"(《朱子语类》卷九)所谓"居敬",是要求人们心中始终守住封建道德"义理",保持"内无妄思,外无妄动,整齐严肃"的精神状态。由于"居敬"能够使人小心地守住"义理",摒除一切邪思,因而朱熹强调"敬字工夫,乃圣门第一义,彻头彻尾,不可顷刻间断"。他说:"敬则万理具在""敬胜百邪""敬之一定,直圣门之纲领,存养之要法"(《朱子语类》卷十二)。"居敬",就是要对封建伦理道德这个"天理"保持内心的敬畏和绝对服从,"有所畏谨,不敢放纵",只有这样,才能使人自觉排除一切不合"三纲五常"的思想杂念,在行为上处处按照封建道德行事。

"居敬"与"穷理"是互相促进,相辅相成的。他说:"学者工夫,唯在居敬、穷理二事,此二事互相发。能穷理,则居敬工夫日益进;能居敬,则穷理工夫日益穷。"(《朱子语类》卷九)所谓"穷理",又叫"格物穷理""格物致知",即通过对一个个具体事物的了解与研究,来明白"天理"。朱熹把封建伦理道德即"天理",看作是世界的本原。"天理"既在人,又在物,"物之理"与"心之理"是同一的。因此,当"心"处于"不明"时,只要"格物穷理",便能使"心之理"重新明白起来。他说:"格物者,穷事事物物之理;致知者,知事事物物之理。无所不知,知其不善必定不可为,故意诚。意既诚,则好乐自不足以动其心,故心正。"(《朱子语类》卷十五)朱熹从唯心主义的认识论出发,把穷事物之理,致事物之知,与认识封建伦理道德的过程统一起来,强调格物穷理,以正人心,尽管认识的前提是错误的,但能给后人的道德教育带来某种有益的启发。

值得注意的是,朱熹十分重视把"穷理"与"为学""读书"统一,即把教学的过程与对学生进行道德教育的过程一致起来,引导学生读"圣贤之书",把读书的过程同时当作自我道德提高与陶冶的过程。朱熹说:"为学之序,学(博学)、问(审问)、思(慎思)、辨(明辨)四者,所以穷理也。"(《朱文公文集》卷七十四)他认为:"为学之道,莫先于穷理,穷理之要,必在于读书。"(《朱文公文集·甲寅行宫便殿奏折二》)读书主要是读有补于道德长进的"圣贤之书"。他说:"所谓格物致知,亦曰穷尽物理,使吾之知识无不精切而至到耳。夫天下之物,莫不有理,而其精蕴则已具于圣贤之书,故必由是以求之。"(《朱文公文集》卷五十九)朱熹认为,引导学生认真学习和读书,并加以审问、慎思、明辨,推究究竟之道理,就可以"穷天理,明人伦,讲圣言,通世故"(《朱文公文集·答陈齐仲》),培养出合乎社会需要的高尚道德品行。

2. 知先行后

对于道德的知与行的关系,朱熹认为,就道德认识和道德实践的顺序来说,是知先于行;就知与行的重要性来说,行重于知;知与行虽然互有区别,但又互相影响,互相促进。他认为,只有先明白了义理,才能做出合乎义理的事;只有先懂得了道德是非,才能评判人们行为的善恶好坏。他说:"义理不明,如何践履?"(《朱子语类》卷九)不明白义理所在,行为就失去正确的道德方向。他认为,封建伦理道德是行动的"标致",确立了正确的标致,才能在实践中不迷失。他说:"如行路,不见便如何行?"(《朱子语类》卷九)在朱熹看来,反映封建伦理纲常的"天理",是外在于人的,人们不可能自发产生,自觉履行,需要向外学习与求知。因此,在行之先,必须对知狠下一番功夫,"痛理会一番,与血战相似"。有了正确的道德认识,自然有道德的行为。他说:"若讲得道理明白,自是事亲不得不亲,事兄不得不弟,交朋友不得不信。"(《朱子语类》卷九)朱熹认为,学生通过学习懂得了道德纲常,则贵在"力行"。他说:"夫学问岂此他求,不过欲明此理,而行之耳。"(《朱文公文集》卷五十四)因此,他强调:"故圣贤教人,必以穷理为先,而力行以终之。"(《朱文公文集》卷五十四)所谓的"力行",是要求学生将学到的封建伦理道德知识付之于自己的实践行动,转化为自觉的道德行为。他反对知而不行,只是闭门思过。他说:"自古无不晓事底圣贤,亦无不通变底圣贤,亦无关门独坐底圣贤。圣贤无所不通,无所不能。"
(《朱子语类》卷一一七)

朱熹认为,道德认识与道德实践是互相依赖的。知与行,正如眼睛与足的关系一样,"知行常相须,如目无足不行,足无目不见"(《朱子语类》卷九)。他指出,行离不开知,"行而未明于理"或"穷理不深","则安知所行可否哉"? 行不仅是知的目的,知而不行,"与不学无异",而且行还促进知,通过道德实践,使原有的道德认识深化。他指出:"欲知之真不真,意之诚不诚,只看做不做,如何真个如此做底,便是知至意诚。"(《朱子语类》卷十五)朱熹较深刻地看到了道德认识与道德实践的关系,既强调道德认识对于道德实践的指导作用,又重视道德实践对于道德认识的深化作用,在我国古代道德教育理论上,比较全面地论证了知与行的关系。他的一些见解,揭示了道德教育中的某些真理性的认识,对我们今天的学校和社会的道德教育,仍具有很好的借鉴意义。

3. 循序渐进

朱熹在总结前人道德教育经验的基础上,提出按照不同年龄,把道德教育分为三个发展阶段,从教育对象不同的年龄、心理特征和理解能力出发,有针对性地开展教育,由浅入深、循序渐进,逐步把学生培养成为品行高尚的人。

第一阶段,是从胎儿至七岁学龄前。朱熹认为,对人的道德教育,应从胎儿开始。孕妇的道德举止和心理特征,对胎儿日后的道德成长会产生影响。他说:"古者妇人妊子,寝不侧,坐不边,立不跛,不食邪味,割不正不食,席不正不坐,目不视邪色,耳不听淫声,如此则生子形容端正,才过人矣。"(《小学集注》)在孩儿逐步懂事之后,要选择"宽裕慈惠、温良恭敬、慎而寡言"的家庭教师,或由家长自己,通过日常生活中的说话对答、洒扫庭除、整肃衣冠、待人接物,向孩童传授一些简单的文明礼节知识。

第二阶段,是从八岁至十四岁上小学阶段。朱熹提出:"人生八岁,则自王出以下,至于庶人之子弟,皆入小学。"学习的内容包括"礼、乐、射、御、书、数之文",但中心任务是进行封建道德规范教育。他说:"古者小学教人以洒扫、应对、进退之节,爱亲、敬长、隆师、亲友之道,皆所以为修身、齐家、治国、平天下之本,而必使其讲而习之于幼稚之时。"(《朱文公文集》卷七十六)朱熹对小学阶段的道德教育十分重视,亲自编了《小学》。

朱熹认为,对小学阶段的道德教育有两个基本的特点:

其一,强调道德教育的直观性,主要是教学生懂得应当做什么和怎么做。至于为什么要这样做,道理要讲得简单明白。深奥的道理他们一时还不能懂,所以要到大学阶段才能深入施教。他说:"小学是直理会那事,大学是穷究那理因甚凭地。"(《朱子语类》卷七)又说:"小学是学事亲,学事长,且直理会那事,大学是就上面委曲详究那理,其所以事亲是如何,所以事长是如何。"(《朱子语类》卷七)

其二,坚持正面教育,积极引导,少用反面材料,不能消极防止。他说:"小学书多说那恭敬处,少说那防禁处。"(《小学辑说》)处在小学阶段的学生,正在形成基本的道德是非观念,明辨是非和抵制错误观念的能力还不强,而且青少年都有好奇心和善于模仿的心理特征,如果正面积极的东西讲得少,反面消极的东西讲得多,反而会搞乱思想,引起副作用。朱熹认为,坚持在小学阶段进行直观的正面教育,就能在青少年的心底打下将来成为圣贤的"坯模"。他说:"古者小学已自暗养成了,到长来已自在圣贤坯模,只就上面加光饰。"(《朱子语类》卷七)小学阶段良好的道德教育,能为大学阶段的进一步深造,把学生培养成为贤良之才,打下扎实的基础。

第三阶段,是十五岁以后的大学阶段。朱熹提出:"及其十有五年,则自天子之元子、众子,以至公卿大夫元士之适子,与凡民之俊秀,皆入大学。而教之以穷理正心、修己治人之道。"(《朱文公文集》卷七十六)在朱熹看来,应当到大学进行深造的,是那些封建贵族、地主阶级的子孙及有希望成为圣贤之材的青年。因为他们日后要成为维护封建统治的栋梁,所以必须在大学中深究封建道德之理,以正心、修身,掌握统治人民的道理。

朱熹认为,大学阶段的道德教育与小学阶段的道德教育比较,有两个基本特点:其一,道德教育的内容广泛而深入。他说:"小学之事,知之浅而行之小者也;大学之道,知之深而行之大者也。"(《小学辑说》)小学阶段道德教育的主要内容是使学生懂得"爱亲、敬长、隆师、亲友之道",而大学阶段道德教育的内容则要明显地进一步,他指出:"大人之学,穷理、修身、齐家、治国、平天下之道是也。"(《朱文公文集》卷十五)其二,由事入理,从外在的行为诱导,深入到内心的教化。朱熹指出:"忠、信、孝、悌之类,须于小学中出;然正心、诚意之类,小学如何知得,须其有识后,以此实之,大抵大学一节一节恢廓展布将去。"(《朱子语类》卷十四)

朱熹循序渐进,分阶段对学生进行道德教育,强调对学生的道德教育要由浅入深,由低到高,由外在行为诱导深入到内心的道德领悟,养成道德上的内心自觉,是颇有启发意义的。从中不难看出,剔除朱熹这一思想中为封建道德服务这一糟粕,从道德教育方法论上讲,可供我们今天的学校道德教育作有益借鉴。

第十四章

王阳明"致良知"的道德观和道德教育思想

王阳明，字伯安，是我国明代著名的哲学家和教育家。因曾隐居于会稽阳明洞，又创办过阳明书院，世称阳明先生。王阳明开创的学派，被称为王学、阳明学。他生活在明朝从相对繁荣稳定走向矛盾暴露、危机形成的时期。封建专制主义逐步发展到登峰造极的地步，形成了君主绝对独裁的局面，激化了统治阶级内部的矛盾。资本主义萌芽产生，官僚地主加重了剥削，自然经济遭到破坏，对封建道德观念和整个思想状况都产生了巨大的影响。王阳明看到当时的封建制度已经到了"沉疴积瘵""病革临绝"的地步，认为造成这种局面的原因是"学术之弊"，即"功利之毒沦浃于人之心髓而习以成性"（《答顾东桥书》）。因为朱学被定于一尊，科举考试以"四书五经"和朱熹的注释为准，儒生们读书多半是为了科考做官等功利性目的，与"存天理灭人欲"封建道德训诫处于尖锐的对立之中。在王阳明看来，其最终的原因在于"朱子格物之训，未免牵强附会，非其本旨"（《传习录》上）。因而他要"补偏救蔽"，建立其"良知之学"，把希望寄托在地主阶级道德的自我革新上，振兴封建道德，调整统治阶级内部的矛盾，平息阶级矛盾，挽救封建统治的危机。王阳明的伦理思想具有明显的历史局限性，但他以"致良知"为目的的道德观和道德教育思想在中国历史上颇具理想特色，影响深远，远播海外。

一　王阳明以"致良知"为目的的道德观

王阳明早年信奉程朱理学,并按照朱熹所说"格物"的方法去"格"庭前的竹子,结果他对着竹子苦思冥想七昼夜,什么也没"格"出来,自己却累得病倒了。后来又按照朱熹所说的"循序而致精"的方法,"思得渐渍洽浃,然物理吾心终若判而为二也"(《王阳明年谱》)。这使他对"支离决裂"的程朱理学产生了怀疑。正德元年(1506年)冬,因上疏忤逆刘瑾,被贬谪贵州龙场作驿丞,在蛇蛊遍地、瘴疠流行的险恶环境下,他"日夜端坐澄默,以求静一",发挥"心"的作用克服环境困难,以求精神解脱,终于"大悟格物致知之旨",那就是"始知圣人之道,吾性自足,向之求理于事物者误也"(《王阳明年谱》),此后逐渐提出和创立了以"良知"为基础,知行合一、心理合一的唯心主义伦理思想体系,成为心学之集大成者。

1. 心外无物

王阳明认为"圣人之学,心学也"(《传习录》中)。"心"是王阳明哲学最基本的概念。心是具有封建伦理特征的能动的精神实体,"心不是一块血肉,凡知觉处便是心"(《传习录》下),其内涵是仁义理智忠孝等封建道德规范。"身之主宰便是心,心之所发便是意,意之本体便是知,意之所在便是物。"(《传习录》上)王阳明把思维的能动性无限夸大,认为人的活动和感官活动都是由心绝对支配的。"口与四肢虽言动而所以言动者心也"(《传习录》下),进而把人的有意识的活动和外界客观物质世界等同起来,把事等同于物,这样就把"事事物物"统一到"吾心"之中,从而得出了"心外无物、心外物事"的结论——"心外无物、心外物事、心外无理、心外物义、心外无善"(《与王纯甫》)。天地万物都是由心决定和创造的。心也称灵明,"可知充天塞地之间,只有这个灵明……天地鬼神万物离却我的灵明,便没有天地鬼神万物了"(《传习录》下)。而天地万物的运动变化则是由"仁"来推动和维持的,"仁是造化生生不息之理"(《传习录》上)。事物的"理"不是客观存在的,而是由"人心"创造的,"吾心之良知,即所谓天理也。致吾心之天理于事事物物,则事事物物皆得其理矣"(《答顾东桥书》)。这里的"理"主要指仁义礼智的道德原则,这些都是天理的具体表现,这是典型的唯心主义世界观。马克思主义认为,道德观念是社会制度的产物,是社会存在和社会关系的反映,决不像王阳明所说的那样是人脑里固有的。不但如此,王阳明认为,自然规律也是受道德原则支配的,"观夫天地、日月、四时,圣人之所以能长久而不已者,不外乎一贞,则天地万物之情,其亦不外一贞也,亦可见亦"(《五经亿说十三条》)。所谓贞就是"正",即圣人使"天下和平"的"至诚","天地感而万物化生,实理之流行也。圣人感人心而天下和平,至诚发见也。皆所谓贞也"(《五经亿说十三条》)。这是对自然规律的唯心主义歪曲。

2. 知行合一

知行合一是中国伦理学史上的重要范畴。王阳明在龙场驿时提出了知行合一说。知行问题与心理关系相关联。王阳明认为,朱熹"外心以求理,此知行所以二也",而"求理于吾心"正是知行合一的原因和理论基础。"求理于吾心,此圣门知行合一之教,吾子又何疑乎?"(《传习录》中)知行合一说是当时社会生活条件和社会道德状况的歪曲反映。明中叶,在统治者的横征暴敛下,农民起义连绵不断,冲击着封建统治和伦理秩序,"今天下波颓风靡,为日已久,何异于病革临绝之时,然又人是己见,莫肯相下求正"(《答储柴虚·二》)。王阳明认为,只有从动机意识上去掉人们对封建伦理纲常的违背意识,才能把人们的行为纳入封建伦理秩序当中。"我如今说个知行合一,正要人晓得一念发动处便是行了。发动处有不善,就将这不善的念克倒了,须要彻根彻底,不使一念不善潜伏在胸中,此是我立言宗旨。"(《传习录》下)此外,知行合一也是针对官宦、官僚地主阶级破坏伦理纲常的腐败行为而发的。统治阶级肆无忌惮的掠夺、飞扬跋扈的暴行激化了阶级矛盾和地主阶级内部的矛盾,"有等不仁之徒,辄便捉锁磊取,挟写田地,致令穷民无告,去而为之盗"(《南赣乡约》)。有些官宦贵戚、官僚地主,口头上大讲忠孝,实际上不忠不孝,"此已被私欲隔断,不是知行的本体了"(《传习录》上)。那么"知行本体"究竟是什么呢?王阳明举例说:"……如好好色,如恶恶臭。见好色属知,好好色属行,知见那好色时已自好了,不是见了后又立个心去好。闻恶臭属知,恶恶臭属行,只闻那恶臭时已自恶了,不是闻了后,又立个心去恶。……知行如何分得开?此便是知行本体,不曾有私意隔断的。"(《传习录》上)这就夸大了知的作用,把本来属于主观思想范围的意念当作客观活动了,这是王阳明主观唯心主义的表现。

王阳明的知行合一,要求人们把道德观念和道德修养行为融为一体,"知之真切笃实处便是行,行之明觉精察处便是知,知行工夫,本不可离"(《答顾东桥书》)。所以,要把知行作为同一过程,即所谓"知行并进"。两者实际上都是就"良知"本体来说的,因而犯了"以知为行"的错误。但王阳明在一定程度上触及了知行的统一性方面,具有一定的合理性,"某尝说知是行的主意,行是知的工夫;知是行之始,行是知之成"(《传习录》上)。这是在唯心主义基础上论证知行的依存关系,夸大了知的作用,因而不可能正确地概括知行关系。在知的标准上,王阳明与孔子和朱熹不同,把检验言论、理论的标准归结为"心","夫道,天下之公道也,非孔子可得而私也,非朱子可得而私也"(《答罗整庵少宰书》)。反对是己非人,文过饰非,"夫学贵得之心,求之于心而非也,虽其言之出于孔子,不敢以为是也,而况其未出于孔子者乎? 求之于心而是也,虽其言之出于用庸常,不敢以为非也,而况其出于空子者乎"(《答罗整庵少宰书》)。这在当时的情况下,具有反对权威崇拜的积极作用。王阳明所说的行包括了"学问思辩"的修养工夫,"凡谓之行者,只是著实去做这件事。若著实做学问思辩的工夫,则学问思辩亦便是行矣"(《答友人问》)。王阳明所说的行,也指孝悌等封建道德实践,其目的是把封建道德原则贯彻到人们社会生活的各个领域中去。

3. 格物致知

格物致知是王阳明伦理学说中的重要内容。王阳明认为,朱熹把"格物"解释为"即物穷理",是"析心与理为二矣",这是被孟子批判过的告子的观点,不足为信。并抨击它"玩物丧志""务外遗内"。所以,他提出了自己对格物致知的新解释,"若鄙人所谓致知格物者,致吾心之良知于事事物物也"(《答顾东桥书》)。这和朱熹的认识、修养方法是相对的,"我解'格'作正字义,物作事字义"(以上均见《答顾东桥书》)。"凡意之所发必有其事,意所在之事谓之物。格者,正也,正其不正以归正之谓也。"(《大学问》)因为意之所发有善有恶,使人"动于于,蔽于私"(《大学问》)。因此需要端正人们的意念和行为,达到从善去恶、止于至善的境界。"故格物者,格其心之物也,格其意之物也,格其知之物也。"(《答罗整庵少宰书》)致知与格物相互联系、相互促进。在格物基础上的"致知",便是对本体"心"的体认。"致知云者,非若后儒所谓充广其知谓之谓也,致吾心之良知焉耳。"(《传习录》上)总的来说,格物致知就是"正意念""去私欲",回复到自然"灵昭明觉"的"心"。这个过程被比喻为擦镜复明的过程,"先生之格物,如磨镜使之明,磨上用功,明了后亦未尝废照"(《王文成公全书》卷一)。只要注重道德修养,用心琢磨,就能使本体心明,明察秋毫。有人问王阳明何以从"格物"所致"一节之知",上升到"溥博如天,渊泉如渊"的"全体之知"的地位,王阳明回答说:"人心是天渊,心之本体,无所不该,原是一个天,只为私欲障碍,则天之本体失了;心之理无穷无尽,原是一个渊,只为私欲窒塞,则渊之本体失了。如今念念致致良知,将此障碍窒塞一齐去尽,则本体已复,便是天渊了。"(《王文成公全书》卷三)总之,格物致知就是通过在心中做为善去恶的意识活动,并推广到事事物物中去,最终达到按照道德原则处理事情。

4. 心本——良知

"心"是王阳明哲学的最高范畴,而"心"的"本体"是良知,即排除了私欲和外物干扰的"本心"。"良知者,心之本体,即前所谓恒照者也。"(《答陆静原书》)它处于虚灵明觉的状态,"心者,身之主也。而心之虚灵明觉,即所谓本然之良知也"(《传习录》中)。良知是超越具体身心的主体精神,是脱离了具体"器"的"道","夫良知即是道。……若无物欲牵蔽,但循着良知发用流行将去,即无不是道"(《答陆静原书》)。在王阳明的伦理学说中,良知成了中心范畴。有人问他:"除却良知,还有什么说得?"他讽刺地回答说:"除却良知,还有什么说得!"(《寄邹谦之》)

王阳明所说的良知,实质上是封建伦理道德的集中和概括。"盖良知只是一个天理自然明觉发现处,只是一个真诚恻怛,便是他本体。故致此良知之真诚恻怛以事亲，便是孝；致此良知致真诚恻怛以从兄，便是第；致此良知致真诚恻怛以事君，便是忠，只是一个良知。"（《答聂文蔚·二》）良知是从孝悌忠信、仁民爱物等封建道德规范中抽象出来的，并在人们的日常社会生活中体现出来，具有普遍性和至上性。

首先，良知就是"是非之心"。王阳明说："良知只是个是非之心。是非只是个好恶，只好恶就尽了是非，只是非就尽了万事万变。"（《传习录》下）良知源于孟子，是指"不虑而知、不学而能"的先验道德意识。在这里却成了判断好恶是非的准则。王阳明又把是非等同于好恶，即用伦理学的善恶取代了认识论的真假。这样"人只要在性上用功，看得一性字分明，即万理灿然"（《传习录》上）。王阳明说，只要把良知"看得透彻，随他千言万语，是非诚伪，到前便明。合得的便是，合不得的便非，如佛家说心印相似，真是个试金石、指南针"（《传习录》下）。这就提高了封建地主阶级的道德主体性，否定了程朱理学以"四书五经"和孔子言论为是非标准的僵化做法，"尔那一点良知，是尔自家底准则"（《传习录》下）。这大大增强了人们的道德主动性，为封建道德增添了活力，在一定意义上打击了传统的权威，为以后李贽等王学后人反封建道德观念的形成创造了一定的条件。但道德始终是有阶级性的，大肆鼓吹良知的王阳明却把农民反抗压迫的正义抗争看作大逆不道，这表明王阳明的良知说有其历史局限性。

其次，良知是至善的"天命之性"。王阳明抛弃了程朱"两重"人性的理论，主张性一元论，把性与良知、心、理统一起来。"缘天地之间，原只有此性，只有此理，只有此良知，只有此一件事耳。"（《答聂文蔚·二》）众说纷纭的人性观念都是"说性"，只有从性的本体与发明、源头与流弊等方面看到其统一的本质才是"见性"。至善的良知是性的本体，它处于"未发之中"，完满自足，晶莹无瑕，恶是在性的发用即意念活动过程中受了蒙蔽产生的。"至善者，心之本体也。心之本体，哪有不善?"(《传习录》下)就人性来说，至善的良知就是"天命之性"，"至善者，明德亲民之极则也。天命之性，粹然至善，其灵昭不昧者，此其至善之发见，是乃明德之本体，而即所谓良知者也"(《大学问》)。良知作为性之本体，是人人皆有的，"良知人人皆有，圣人只是保全"(《传习录》下)；良知是永恒不变的，"良知之在人心，则万古如一日"(《寄邹谦之》)；良知也是不会泯灭的，"良知在人，虽你如何不能泯灭"(《传习录》下)。这样就把封建道德说成是永恒的、绝对的，是形而上学的观点。

再次，良知就是天理，"吾心之良知，即所谓天理也"(《传习录》中)。王学与朱学的一个根本区别就在于，王阳明否认了朱学关于道心与人心的区别。"心即性，性即理。下一与字，恐未免为二。"(《传习录》上)按照朱熹的说法，心本身有"觉于理"或"觉于欲"两种可能性，王阳明否认了后一种可能，认为心本身是纯善的，"夫心之本体，即天理也，天理之昭明灵觉，所谓良知也"(《与舒国用》)。"失其正"是外在欲望作用的结果，"心即理也，此心无私欲之蔽，即是天理，不需外面添一分"(《传习录》上)。王阳明把程朱理学独立于心外的"理"转移到人的心中，要人们在内心去寻找遵守封建道德的根据。"且如事父不成去父上求个孝的理，事君不成去君上求个忠的理，交友治民不成去友上民上求个信与仁的理，都只在此心，心即理也。"这就把道德起源问题歪曲为履行道德的主体何在的问题。不仅社会道德，而且自然规律也是由良知决定的。关于前者，王阳明说："以此纯乎天理之心，发之事父便是孝，发之事君便是忠,发之交友治民便是信与仁,只在此心去人欲、存天理上用功便是。"(《传习录》上)关于后者,王阳明煞有其事地说:"人的良知,就是草木瓦石的良知,若草木瓦石无人的良知,不可以为草木瓦石矣。岂惟草木瓦石为然,天地无人的良知,亦不可为天地矣。"(《传习录》下)这样,属于人类社会的道德原则,也成为一切自然界的道德原则。"天下之事虽千变万化,而皆不出此心之一理,然后知殊途而同归,百虑而一致。"(《博约说》)良知和天理成了世界万物产生的根源。

5. 致良知

"存天理、灭人欲"是宋明理学的共同目标,王学也不例外。在程朱看来,人的本性是由理和气组成的,气有清浊之分,"禀气之浊者"而形成的气质之性就是人欲。王阳明把外在于心的人欲当作一种当然的存在,并认为它能够蒙蔽甚至泯灭良知。"良知即是未发之中,即是廓然大公、寂然不动之本体,人人所同具者也。但不能不昏蔽于物欲。姑学需去其昏蔽……而中寂大公未能全者,是昏蔽之未尽去,而存之未纯尔。"(《传习录》中)他又根据人们能否自觉通过修身养性恢复良知,将人们分为圣、贤、愚不屑几类:"心之良知,是谓圣。圣人之学,惟是致此良知而已。自然而致之者,圣人也;勉然而致之者,贤人也;自蔽自昧而不肯致之者,愚不屑也。"(《书魏师孟卷》)

因此,王阳明提倡人们"致良知",即通过修身养性"胜私复理",清除私欲对本心的蒙蔽,以恢复吾心之"天理",使良知在人的修养和行为中得到体现。"若良知之发,更无私意障碍,即所谓充其恻隐之心而仁不可胜用矣。然而常人不能无私意障碍,所以须用致知格物之功,胜私复理,即心之良知更无障碍,得以充塞流行……"（《传习录》上）"致良知"包括体认良知和实现良知两个方面，即包括个人修养和社会活动规范。前者是所谓"正心"，"主宰一正，则发窍于目，自无非礼之视，发窍于耳，自无非礼之听，发窍于口与四肢，自无非礼之言动。此便是正其心"（《传习录》下）；后者即所谓"去恶""为善"，"然欲致其良知，亦岂影响恍惚而悬空无实之谓乎？是必有其事矣"（《大学问》）。他曾批评一个学生说："我何尝教你离了簿书讼狱，悬空讲学？……簿书讼狱之间，无非实学，若离了事物为学，却是著空。"（《传习录》下）这对于对程朱理学空谈性命，轻视事功的观点不能不说是一个进步。总之，通过修养端正动机，实践封建道德，"正其不正者，去恶之谓也，归于正者，为善之谓也"（《大学问》）。

从王阳明心学思想形成的过程和体系结构来讲，"致良知"是他全部思想的核心，表达了他的心学宗旨。"良知之外别无知矣，故致良知是学问大头脑，是圣人教人第一义。"（《答欧阳崇一》）他自己也是"从百死千难中得来"的，是"千古圣圣相传"的"一点骨血"（《王阳明年谱》）。王阳明以此为基础构成了他的整个道德思想体系。

二　王阳明"复其心体"的道德教育思想

王阳明的伦理思想体系中包含不少个人修养方法说，作为一个著名的地主阶级教育家，他具有丰富的道德教育思想。

1. 心上工夫

王阳明从其良知学说出发，认为道德修养就在于"复明"良知本体，心上工夫是其重要途径。所谓"心上工夫"就是通过内省、直觉去体悟自己的固有良知。"认得良知头脑是当,去朴实用功,自会透彻,到此便是内外两忘,又何心事不合一?"(《传习录》下)"良知亦会自觉,觉即去蔽,复其体矣。此处能勘得破,方是简易透彻工夫。"(《传习录》下)要达到这样的结果,还须人们诚心才行。"欲正其心在诚意,工夫到诚意,始有着落处。然诚意之本,又在致知也。所谓'人虽不知,而己所独知'者,此正是吾心良知处。"(《传习录》下)只有向内用功,不假外求,这样才能避免朱学"支离"之弊。"今焉既知至善之在吾心,而不假于外求,则志有定向,而无支离决裂、错杂纷纭之患矣。"(《大学问》)

道德修养以内心的自发真诚为前提,这是有其合理性的见解,比起朱学也有进步的一面。但企图通过这种内心修养的工夫,达到自觉遵守虚伪的封建道德规范的目标,却和朱学同样都是难以奏效的。

2. 省察克治

王阳明根据他的格物致知学说,提出了省察克治等具体的修养方法。"省察克治之功,则无时而可间,如去盗贼,须有个扫除廓清之意。无事时,将好色、好货、好名等私逐一追究,搜寻出来,定要拔去病根,永不复起,方始为快。常如猫之捕鼠,一眼看着,一耳听着,才有一念萌动,即与克去。斩钉截铁,不可故容与他方便,不可窝藏,不可放他出路,方是真实用功,方能扫除廓清。到无私可克,自有端拱时在。"(《传习录》上)通过内省思虑,找到色利名货等外在诱惑这些破坏封建道德的病根,并踏踏实实地兑除它们,最终达到即使在"生死念头"上也能够"见得破、透得过"(《传习录》下),没有"毫发挂带"的境界。

王阳明这种修养工夫有反对劳动人民反抗封建反动统治的斗

争意识的一面,也有反对官宦、权贵破坏封建道德的一面,有其特定的复杂内容。在修养方法上把公私绝对对立起来,是片面的形而上学的方法。但王阳明看到了道德修养方面总是存在正反、善恶两种道德意识的较量,对两种道德观斗争规律的把握也是相当准确的。这对于当代人们培养内心的道德自觉乃至培养正直廉明、大公无私的社会道德观念,具有深刻的启发意义。

3. 事上磨炼

王阳明认为,道德修养的提高需要通过日常的具体事务来磨炼道德意志,增强道德信念。"人须在事上磨,方立得住,方能静亦定,动亦定。"(《传习录》上)一次,学生陆原静接到家书,说其子病危,因而忧愁不堪。王阳明则对他说"此时正宜用功,若此时放过,闲时讲学何用?人正要在此等时磨炼。父之爱子,自是至情,然天理亦自有个中和处,过即是私意……天理本体,自有分限,不可过也。人但要识得心体,自然增减分毫不得"(《传习录》上)。这就把按照封建道德规范来接人待物、处理事情作为修养的重要内容。王阳明反对程朱理学空谈性命、排斥事功的倾向,主张以良知规范事功,达到挽救封建道德危机,维护封建社会秩序的目的。

事上磨炼的要求符合我国伦理思想传统,否定了佛、道静坐持养,把人变成"痴呆汉"的方法更符合封建地主阶级的利益。虽然在当时日趋腐朽的封建统治条件下难以实行,但为以后一些启蒙思想和唯物主义倾向的思想家如颜元等所利用,在历史上发挥过积极作用。马克思主义伦理学也提倡在改造客观世界和具体道德行为中身体力行的道德规范。因此,事上磨炼的修养方法在剔除了其封建性糟粕后,能够对我们的道德教育发挥积极作用。

4. 立志成圣

王阳明在道德教育中强调立志的重要性。这同他的"心是主宰"的主观唯心主义宇宙观相联系。王阳明认为志向是极端重要的。"夫志，气之帅也，人之命也，木之根也，水之源也。源不浚则流息，根不植则木枯，命不继则人死，志不立则气昏。是以君子之学，无时无处不以立志为事。"(《示弟立志说》)立志对学问和事功都非常重要。"志不立，天下无可成之事。虽百工技艺，未有不本于志者。今学者旷废隳惰，玩岁愒时，而百无所成，皆由于志只未立耳。故立而志圣则圣矣，立志而贤则贤矣。志不立，如无舵之舟，无衔之马，飘荡奔逸，终亦可所底乎。"(《教条示龙场诸生》)当然，他的所谓立志是要自发成圣。"须是自家调停斟酌，他人总难与力。"(《传习录》中)每个人要就自己的个性、气质来成就个人。"圣人气象不在圣人而在我。"(《传习录》中)王阳明认为，个人道德修养的目标也应该是超凡入圣而不只是科考得中。一次，学生王汝止出游归来，王阳明问他见到了什么，他回答说"见满街人都是圣人"，王阳明赞赏地说"你看满街人是圣人，满街人到看你是圣人在"(《传习录》下)。学生扬茂是聋哑人，王阳明教育他说："我如今教你，但终日行你的心，不消口里说，但终日听你的心，不消耳里听……大凡人只是此心，此心若能存天理，是个圣贤的心。口虽不能言，耳虽不能听，也是个不能言不能听的圣人。"(《谕泰和扬茂》)这里，王阳明对学生的道德教育善于因材施教，不放过任何恰当的道德教育机会，这值得我们学习与借鉴。他还肯定人是可以改造和完善的，包含着某种平等的观念，具有一定的道德民主性因素。"良知良能，愚夫愚妇与圣人同。"(《答顾东桥书》)这些当然是非常微弱、次要和不自觉的。

5. 复其心体

根据"心外无学""求理于吾心"的道德观,王阳明强调道德教育要"开导人心",使人们"复其心体之同然",并提出了一套道德教育方法。在儿童教育阶段,"顺导其志意,调理其性情",就像植树一样精心护养。"今教童子,必使其趋向鼓舞,中心喜悦,则其进自不能已。譬之时雨春风,沾被卉木,莫不萌动发越,自然日长月化。"(《传习录》中)坚决反对"鞭挞绳缚,若待拘囚"的强制方式来对待儿童,而应针对儿童身心发育的特点,"其栽培涵养之方,则宜诱之以诗歌以发其情致,导之以习礼以肃其威仪,讽之以读书以开其知觉"(《传习录》中)。这些论述符合儿童教育规律,注重启发诱导和自愿原则,具有一定的借鉴意义。

王阳明认为,"开导人心"的道德教育原则还应该根据不同的情况加以贯彻,因材施教、循序渐进。他举例说:"夫良医之用药,即虽其疾之虚实强弱,寒热内外,而斟酌加减、调理补泻之,要在去病而已。"(《王文成公全书·卷五》)学校教育应以德育为首,智德兼顾。"学校之中,惟以成德为事,而才能之异或有长于礼乐、长于政教、长于水土播植者,则就其成德而因使益精其能于学校中。"(《传习录》中)在教育内容上要按照学生的接受程度来安排。"凡授书不在徒多,但贵精熟,量其资禀能二百字者,止可授一百字,常使精神力量有余,则无厌苦之患,而有自得之美。"(《传习录》中)这些可以说都是他在长期的教育过程中得出的经验之谈,丰富了我国的道德教育思想。

第十五章

李贽反封建传统的
道德观和道德教育思想

李贽是我国明末清初较早反对封建正统思想的杰出思想家。明代中叶以后,我国封建社会内部出现了以商品生产为标志的资本主义生产关系的萌芽。李贽先祖曾几代航海经商,他从小没有受过严格的儒学教育,"自幼倔强难化,不信道,不信仙、释,故见道人则恶,见僧则恶,见道学先生则尤恶"(《王阳明先生年谱后语》)。目睹封建理学的虚伪和对社会发展的严重危害,李贽站在地主阶级进步思想的立场上,不畏强暴,不惧权势,强烈抨击封建礼教对人性的摧残,重论"古今是非",提出了自己反传统的道德观和道德教育思想。李贽的思想,作为封建社会的"自我批判意识",或多或少地反映了市民阶层的利益要求,具有某种反封建的启蒙意义。

一　李贽反封建传统的道德观

　　李贽对我国传统道德思想发展的突出贡献,在于他在批判以封建正统道德自居的理学(道学)过程中,阐发了自己新的道德观念。他反对理学的"存天理,灭人欲",提出"人必有私"的"私心"说;反对"以孔子之是非为是非",倡导"迩言为善";反对人有高下贵贱等级之分和男女不平等,阐发"致一之理"的平等说,这对于把人们的道德观念从儒学传统思想禁锢中解放出来,在当时具有惊天动地、振聋发聩的作用,对后人也有重要的思想启示。

1. 人必有私

关于"义利之辨",宋明理学把先秦儒家"重义轻利"的思想,发展到"存天理,灭人欲"的极端,把道德与利益对立起来,完全否认人的一切"利欲""私利"。这一方面造成道学家口称仁义,心谋私利的道德虚伪,一方面又扼杀了人们对个人正当利益的追求,阻碍了生产力的发展。李贽为了揭露理学的伪善,肯定个人私利在社会生活中的合理性,提出了"人必有私"的道德观。

在李贽看来,"私"乃是人们满足自身物质需要的一种欲求。人有"私心",则是"自然之理"。而道学家鼓吹的"无私之说","皆画饼之谈"而已,只是"令隔壁好听,不管脚跟虚实,无益于事,只乱聪耳,不足采也"。李贽从自然人性论的角度,提出"夫私者,人之心也。人必有私,而后其心乃见;若无私,则无心矣"(《藏书·德业儒臣后论》)。就是说,私心、私欲是人的一种自然而然的心理倾向。

李贽认为,人的私心、私欲即对自我利益的追求,并非总是社会生活中的大敌。相反,它们可以成为各行各业的人们从事各种社会活动的进取动力。他说:"如服田者,私有秋之获,而后治田必力,居家者,私积仓之获,而后治家必力;为学者,私进取之获,而后举业之治也必力。故官人而不私以禄,则虽召之必不来矣;苟无高爵,则虽劝之必不至矣。"(《藏书·德业儒臣后论》)李贽认为,只要是人,都有"私心"。他说:"趋利避害,人人同心,是谓天成,是谓众巧。"(《焚书·答邓明府书》)"私心"作为人的生存本能,即使是"圣人"也不能超凡。

在谈到"圣人"的"私心"时,李贽说:"圣人亦人耳,既不能高飞远举,弃人间世,则自不能不衣不食,绝粒衣草而自逃荒野也。故虽圣人不能无势利之心。"(《李氏文集·明灯道古录》)还说:"虽有孔子之圣,苟无司寇之任、相事之摄,必不能安其身于鲁也决矣。此自然之理,必至之符,非可以架空而臆说也。"(《藏书·德业儒臣后论》)李贽以"人必有私"的"私心"说为理论依据,把正统儒家描绘的超功利的"圣人",还原为食人间烟火的凡人,不仅除去了道学家凭空添加给"圣人"的虚幻灵光,而且为批判理学"存天理,灭人欲"的道德教条扫除了人为偶像。

李贽从"人必有私"的观点出发,不仅肯定伦理道德与人的正当利益共存无害,而且把人追求自我利益和生活富贵看成是合理的、正当的。他说:"穿衣吃饭,即是人伦物理。除却穿衣吃饭,无伦物矣。世间种种,皆衣与饭类耳。故举衣与饭,而世间种种自然在其中。"(《楚书·答邓石阳书》)就是说,穿衣吃饭,这是人伦道德的物质基础。离开了人类最基本的物质生活条件,也就谈不上任何人伦道德。讲人伦道德,并不是反对人追求利益,相反,追求利益是合人性、合德性的。李贽指出:"财之与势,固英雄所必资,而大圣人之所必用也,何可言无。吾故曰:虽大圣人不能无势利之心。则知势利之心,亦吾人禀赋之自然矣。"(《李氏文集·明灯道古录》)求财趋利,是人性禀赋的自然取向,所以,即使是道德高尚的圣人,也"不能无势利之心"。

李贽还特别以"孔圣人"为例,说明人们追求利益和富贵是道德的,合乎德性的。他说:"圣人虽曰:'视富贵如浮云',然得之亦若固有;虽曰:'不以其道德之,则不处',然亦曰:'富与贵是人之所欲'。今观其相鲁也,仅仅三月,能几何时,而素衣霓裘、黄衣狐裘、缁衣羔裘等,至富贵享也。御寒之裘,不一而足;褐裘之饰,不一而袭。凡载《乡党》者,此类多矣。谓圣人不欲富贵,未之有也。"(《李氏文集·明灯道古录》)

李贽以"人必有私"的道德观,无情揭露以程朱理学为代表的封建道学家的伪善与虚伪。针对董仲舒的"正其谊不谋其利,明其道不计其功"的观点,李贽指出,把道德与功利对立起来,只是为了扼杀平民百姓的物质欲求。董仲舒以及封建道学家们都是"计利而避害"的谋利之徒,"其未得富贵"时,"凡可欺世盗名者,无所不至";"其既得富贵"之后,"凡所以临难苟免者,无所不为"。他们"皆口谈道德而心存高官,志在巨富;既已得高官巨富矣,仍讲道德"。这些人"名为山人而心同富贾,口谈道德而志在穿窬"(《焚书·又与焦弱侯》),"以讲道学以为取富贵之资也",都是一些"阳为道学,阴为富贵,被服儒雅,行若狗彘"(《续焚书·三教归儒说》)的十足伪君子。李贽"人必有私"的"私心"说,抓住了理学宣扬的封建道德中理论与实践、理想与现实、道德规范与行为目的之间存在的内在矛盾及其虚伪本质,进行极其尖锐、辛辣的揭露和批判,为后人摆脱传统儒教的束缚和思想觉醒起到了重要的启蒙作用。

应当看到,李贽"人必有私"的道德观所肯定的人的"私心""私利"主要是人们的"秋之获""仓之获""进取之获"以及"穿衣吃饭"等个人正当的物质利益。这对于维护平民百姓正当的物质利益,鼓励人们冲破儒家思想的羁绊,改善生活,发展生产,具有重要的思想道德价值。在以往的中国传统道德论中,存在着明显的"重义轻利"倾向,否认人们追求正当个人利益的合理性,在一定程度上阻碍了我国封建社会中劳动人民生产劳动积极性的提高。恩格斯曾经指出:人们对利益的追求,在一定条件下可以成为"历史发展的杠杆"①。李贽在我国封建社会的生产关系面临"天崩地解"的

---

① 《马克思恩格斯列宁斯大林论科学社会主义》,中国人民大学出版社1980年版,第3507页。

境地,提出"人必有私"的道德观点,为正在形成中的市民阶层追求现实物质利益进行道德辩护,在客观上有利于社会的进步。当然,李贽的"人必有私"的道德观是建立在朴素的自然人性论的基础上的,由于历史局限,不可能唯物地、辩论地认识利益与道德的相互关系,正确解释个人正当利益与非正当的"私心""私利"的区别,容易导致片面追求个人利益,否认遵守社会道义必要性的非道德论的错误倾向。

2. 迩言为善

自从汉朝接受舒仲舒的建议"罢黜百家,独尊儒术"之后,经过宋明理学的思想助推,把孔子及儒家的经典言论奉为万古不变的神圣教条。"以孔子是非为是非"成为一些道学家道德评价的价值尺度。李贽为了彻底否定儒家的正统价值观,从"人必有私"的"自然之理"出发,针锋相对地提出了"迩言为善"的重要道德价值观念。

"迩言"是李贽的特用术语。他说:"迩言者,近言也。"(《李氏文集·明灯道古录》)"迩言"即平民百姓日常生活中反映自己实际利益需求和真实愿望的"街谈巷议、俚言野语、至鄙至俗、极浅极近"的言论。"迩言为善",即是以"百姓日用"的需要与否作为衡量道德是非的评价标准,肯定人民百姓实际利益追求在道德上具有善的意义。在李贽看来,之所以应当"以百姓之迩言为善",是因为"迩言"真实地反映了"民情之所欲",反映了人们的共同利益之需求。他说:"如好货,如好色,如勤学,如进取,如多积金宝,如多买田宅为子孙谋,博求风水为儿孙福荫,凡世间一切治生产业等事,皆其所共好而共习,共知而共言者,是真迩言者。"(《焚书·答邓明府》)就是说,人们在"治生产业等事"中产生的"共好""共习""共知""共言",才是"真迩言"。

因此,李贽认为,在道德上应以是否反映"民情之所欲"作为判断是非善恶的标准,而不应以"圣人"的只言片语为准绳。他说:"未唯以迩言为善,则凡非迩言者,必不善。何者?以其非民之中,非民情之所欲,故以为不善,故以为恶耳。"(《李氏文集·明灯道古录》)李贽强调来自"民之中"的"民情之所欲"在道德上具有善的价值,既是对人民群众现实利益需求的肯定,又是对道学家们不顾民众的实际利益关系的变化,死套乱用"圣人"之言,"欲以死语伤人"的尖锐批判。他认为,儒家的经典,不应该是"万世至论","纵出身圣人,要亦有为而发",万不可成为"道学之口实,假人之渊薮"(《童心说》)。

李贽"迩言为善"的道德价值观,把民众现实生活中的共同利益需求作为评价道德的准则,不仅进一步肯定了应把物质利益作为现实道德的基础,而且把道德本身看作是随着"民情之所欲"的发展变化而不断发展变化的,是对保守、僵化的旧道德观念的大胆否定。他说:"德性之来也,莫知其始,是吾心之故物也;是由今而推之于始者然也。更由今而引之以至于后,则日新而无敝,今日新也,明日新也,后日又新也;同是此心之故物,而新新不已,所谓日月虽旧,而千古常新者是矣。日月且然,而况于德性哉?"(《李氏文集·明灯道古录》)"新新不已"的道德,应体察民情,反映民意,才能"千古常新",具有新的生命力。

毫无疑问,李贽"迩言为善"的道德价值观,虽然看到了物质利益、"民情之所欲"与道德的密切关系,但抹杀了道德生活中的"事实"与"价值判断"的界限。"民情之所欲"常常具有合理性的一面,但有时也有可能会有其不合理的一面,并非"迩言"即真理。然而,

"迩言为善"毕竟强调了道德与民众百姓现实生活的密切联系,试图在人们的道德生活实践中寻找评判道德是非的标准,这显然是对传统儒家凝固不化、脱离人们实践的道德教条的大胆否定,反映了当时社会商品经济发展中工商业者和市民阶层的价值意识,具有明显的历史进步意义。

3. 致一之理

传统封建礼教的最大特点是竭力宣扬君臣、父子、男女、夫妇、上下人际关系不平等的合理性,把尊卑贵贱关系绝对化,以维护封建人伦秩序。李贽继承和发挥了我国古代"舜与途人一"的人类平等思想,全面提出了"致一之理"的平等说,把批判的矛头直指封建伦理纲常。"致一之理"的平等说,是李贽对我国伦理道德思想进步的一个重要贡献。

李贽认为,所谓"致一之理",就是人与人之间"同等"或"普同一等",没有上下贵贱等级之分的道理。"致一"就是追求人人平等这个"一"。他明确提出:"致一之理,庶人非下,侯王非高,在庶人可言贵,在侯王可言贱,特未之知耳。"他说:"侯王不知致一之道与庶人同等,故不免以贵自高,高必蹶下其基也,贵者必蹶贱其本也。"(《李氏丛书·解老》)不懂"致一之理",自视高贵,必然有害自身。

为什么人与人应是"同等"的呢? 李贽认为,其一,人与人在知、能上是"同等"的。他反对儒家的上智与下愚"不移"的正统观念,认为"天下无一人不生知",因而人人在认识能力上是"同等"的。并且,人的能力也是相同等的,决非只有圣人有能力而平民凡夫没有能力。李贽说:"自我言之,圣人所能者,夫妇之不肖可以与能,勿下视世间之夫妇也""夫妇所不能者,则虽圣人亦必不能,勿高视一切圣人也"(《李氏文集·明灯道古录》)。其二,每个人的德性也是"同等"的。一方面,人人都有"私心",即使是"圣人"也有"势利之心",因而追求德性的起点是同等的;另一方面,人人都有同样善的德性。李贽认为:"天下之人,本与仁者一般,圣人不曾多,众人不曾低,自不容有恶耳。"(《焚书·复京中友朋》)正是在德性相同的意义上,他强调"尧舜与途人一,圣人与凡人一"(《李氏文集·明灯道古录》)。

李贽"致一之理"的平等思想,不仅体现在勇敢冲破封建礼教大肆宣扬的上下尊卑的等级之分,肯定侯王与庶人、圣人与凡人的平等上,而且突出地表现在反对"男尊女卑",宣传男女平等上。李贽十分同情封建社会中受到压迫最深重的妇女,尖锐批判"妇人见短,不堪学道"的谬论。他说:"谓人有男女则可,谓见有男女岂可乎?谓见有长短则可,谓男子之见尽长,女人之见尽短,又岂可乎?设使女人其身而男子其见,乐闻正论而知俗语之不足听,乐学出世而知浮世之不足恋,则恐当世男子视之,皆当羞愧流汗,不敢出声矣。"(《焚书·答以女人学道为见短书》)

在李贽看来,男女是生而平等的。说人有男女的区别是对的,但不能说男女在见识、智能上有长短高低之分。说男人的见识与智能必然高于女人是十分荒唐的。其实,女子的有些见识,足以使男子"羞愧流汗,不敢出声"。在《初潭集》中,李贽列举了几十个才智过人的女子,夸她们"才智过人,识见绝甚",是"大见识人"。李贽不仅从理论上提出男女平等,反对男尊女卑,而且在自己的生活实践中,重视男女平等的道德实践。他在芝佛院讲学时,收女子作弟子,有时还用通信的方式和一些女子探讨学问,以实际行动批判男尊女卑的封建道德。他的言行,尽管遭到一些道貌岸然的道学家的恶言中伤,但他毫不畏惧。在主张男女平等上,他还同情寡妇,坚决反对"饿死事小"的封建礼教,主张婚姻自主,寡妇可以再嫁。李贽的男女平等思想在当时不失为"惊世之言",是后世主张妇女解放的先声。

李贽"致一之理"的平等观,是以人与人之间应该互爱、宽容为基础的。他说:"泛爱容众,真平等也。"(《焚书·罗近溪先生告文》)李贽的平等思想,表明了我国资本主义因素萌芽时期,崛起中的市民阶层对封建社会人与人之间严重不平等关系的强烈不满和坚决反抗,体现了社会发展对人际道德关系新的追求。尽管李贽的平等思想具有直观的朴素性质,但在反对封建伦理纲常的斗争中,却有着重要的启蒙意义。

二 李贽"任物情"的道德教育思想

在反对封建正统思想的斗争中,李贽十分重视通过教育培养新的理想道德人格。在李贽颠沛离落的一生中,不论是壮年为官,还是晚年归隐,很长时间都从事教书授业。与他的道德伦理思想相一致,他提出的"绝假纯真"的"童心"说、"任物情"的个性教育说和"自立""自尊"的人格养成说等道德教育思想,同样具有重要的启蒙意义。

1. "绝假纯真"的"童心说"

面对封建道学家"阳为道学,阴为富贵""口谈道德而心存高官"的道德虚伪,李贽深恶痛绝。他认为,要拯救人心,首先要去"假"存"真",教导人们保持"绝假纯真"的"童心"或"真心"。

什么是"童心"? 李贽说:"夫童心者,真心也。若以童心为不可,是以真心为不可也。夫童心者,绝假纯真,最初一念之本心也。若失却童心,便失却真心;失却真心,便失去真人,人而非真,全不复有初矣。"(《焚书·童心说》)就是说,"童心"即"真心",是"绝假纯真",反对一切虚伪的矫饰。"真心"是做人的起码要求。人如失去真心,就不可能成为德行高尚的"真人"。

李贽的"童心"说,强调"最初一念之本心"的重要性,意在要人们排斥封建礼教的正统道德观念的桎梏,不必受封建道德的束缚。他认为,道德教育应重视引导学生"妙明真心"的直接领悟,"不必矫情,不必逆性,不必昧心,不必抑志,直心而动"(《焚书·为黄安二上人三首·失言三首》),真正的道德应"由衷而出",而非"从外而入"。李贽反对封建礼教对人心的毒化,提出"由不学、不虑、不思、不勉、不识、不知而至者谓之礼,由耳目闻见,心思测度,前言往行,仿佛比拟而至者谓之非礼"(《焚书·四勿说》)。显然,他把"童心"作为"礼"即道德准则,把是否"绝假纯真",合乎自我真实内心体验,作为道德的基本要求,完全排斥外在道德教育的重要性,具有某种道德自发论的倾向。但是,李贽反对的"耳目闻见",主要是指当时封建社会的传统习俗;"心思测度"是指伪道学的机诈权变;"前言往行"是指儒家圣人言行;"仿佛比拟"是指讲究形式的封建礼仪。这四种现象,实际上是包括了当时整个封建道德礼俗。李贽把它们称为"非礼",就是否定整个封建道德礼俗。他要保护人们的"童心""真心",是为了与封建伪道学抗争,培养合乎社会进步所需要的"真人"。

值得一提的是,李贽在当时道德沦丧、伪道学横行的社会中,强调道德教育首先要培养人们"绝假纯真"的"童心",对于倡导道德真诚,反对道德伪善,推动社会道德的真正进步,具有重要的意义。法国著名哲学家、诺贝尔奖的获得者施韦兹说过："真诚的意志必然与真理的意志一样坚定。只有具有真诚勇气的时代，才能够掌握作为精神动力在其中起作用的真理。真诚是精神生活的基础。"[①]李贽是以真诚的勇气来追求真理的。如果说虚伪是整个封建理学、伪道学的要害的话，那么倡导"童心""真心"成了孕育中的新道德的精神基础。难能可贵的是，李贽自己是有"真心"、讲"真言"、做"真人"的一个典范。当他反封建正统思想遭到统治阶级的严酷迫害时，他依然刚正不阿、视死如归。他说："做人是真做人便了，若犯死祸，我自出头当之，不敢避也。"（《续焚书·与马伯时》）

2. "任物性"的个性教育说

李贽以人的"童心""真心"为善，因此认为道德教育的根本任务是"任物情"，从各人不同的特点出发，培养人的道德个性。

李贽认为，首先，应当承认人有"不齐之物情"，有不同的心理特点。他说："夫天下至大也，万民至众也，物之不齐，又物之情也。"各人的心性、天性均有差异，"或欲经世，或欲出世；或欲隐，或欲见；或刚或柔，或可或不可，固皆吾人不齐之物性"（《李氏文集·明灯道古录》）。认识人有"不齐之物情"，是重视和培养不同的道德个性的前提。

其次，应当"任物性"，从人的不同心理特点出发，培养不同的道德个性。李贽指出："夫道者，路也，不止一途；性者，心所生也，亦非止一种已也。"（《焚书·论政篇》）就是说，人生的道路有多条，人的个性有多样，教育者的神圣职责在于"任物性"，从各人的不同特点，教之于不同的"道"理，培养各个不同的道德个性。他说："就

---

① 史怀泽：《敬畏生命》，上海社会科学院出版社 1992 年版，第 124 页。

其力之所能为,与心之所欲为,势之所必为者以听之,则千万其人者,各得千万人之心,千万其心者,各遂其千万人之欲。是谓物各付物,天地之所以因材而笃也,所谓并育而不相害也。今之不免相害者,皆始于使之不得并育耳。若肯听其并育,则大成大,小成小,天下之更有一物不得所者哉!"就是说,只有根据各人的不同心性特点出发,"因材而笃""并育而不相害",就能使"天下之民,各遂其生,各获其所愿有"(《李氏文集·明灯道古录》)。人们或做官,或经商,或讲学,或耕田,都能充分发展自己的个性,发挥个人的才能,使"此一等人心身俱泰,手足轻安,既无两头照顾之患,又无掩盖表物之丑"(《焚书·复焦弱侯》),必能有益于社会的发展和道德的进步。

再次,应当尊重个性的自由发展,顺应人的竞争天性。李贽看到,人们个性的自由发展,必然引起人与人之间在利益上的竞争,产生"强弱众寡"的局面。但他认为"欲求富贵"是人的天性,人们以"天与以致富之才"来谋福利是天经地义的。强者、众者并吞弱者、寡者的行为,是合乎"天道",合乎道德的。他说:"天与以致富之才,又借以致富之势,畀以强忍之力,赋以趋时之识,如陶朱、猗顿辈,程郑、卓王孙辈,亦天与之以富厚之资也,是亦天也,非人也。"(《李氏文集·明灯道古录》)就是说,人们的才、势、力、识等均是天所"与以""借以""畀以""赋以"的。天赋予人这些才识,本是让人谋求富贵的。应当以历史上陶朱等人靠自己的才干致富为楷模,充分发展自己的天赋才能。显然,李贽的思想自觉或不自觉地顺应了资本主义萌芽阶段,以商人、手工业者为代表的市民阶层要求以自由竞争打破封建生产关系的愿望,为资本主义的弱肉强食和自由竞争造成的优胜劣汰进行道德辩护。他指出:"夫栽培倾爱,天必因材,而况于人乎。强弱众寡,其材定矣。强者弱之归,不归必并之;众者寡之附,不附即吞之,此天道也。虽圣人其能违天乎哉。今子乃以强凌众暴,为法所禁,而欲治之,是逆天道之常,反因材之笃,所谓拂人之性,灾必及其身者,尚可以治人邪?"(《李氏文集·明灯道古录》)

李贽认为,尊重个性"因材之笃"来施以教育,"栽培倾爱"就是顺应"天道之常"。自由竞争、优胜劣汰合乎"天"意,因此,这些都是道德的。显而易见,李贽在当时大力提倡个性自由,鼓励发展人的竞争天性,是要培养社会发展所需要的新型道德,反对封建道德对人的自由天性的禁锢,为资本主义生产关系的形成和发展鸣锣开道。如果说,在我国以往的传统道德教育中,忽视道德个性和人的竞争意识的培养是一个明显的缺陷的话,李贽"任物情"的重视个性和培养人的竞争品质的思想,是一个重大的进步,其历史意义不可低估。

3."自立"的人格教育说

李贽认为,培养人的德性,最重要的是要培养人的"自立"精神和独立人格。他说:"能自立者必有骨也。有骨则可藉以行立;苟无骨,虽百师友左提右挈,其奈之何?"(《焚书·荀卿李斯吴公》)就是说,自立是人赖以立身的基本骨气,是人格的根本。倘若一个人无自立精神,只靠师友提挈,必不能成就人生事业。在李贽看来,"自立"就是依靠自己的真实才能来安身立命,决不能趋炎附势,丧失自我独立人格,求庇于人。他在回顾自己的一生时说:"丈夫在世,当自尽理。我自六七岁丧母便能自立,以至于今七十,尽是单身度日,独立过时,虽或蒙天庇,或人庇,然皆不求自来。若要我求庇于人,虽死不为也。历观从古大丈夫好汉,尽是如此。"(《续焚书·与耿克念》)李贽认为,培养人的"自立"精神,是培养"大丈夫好汉"独立道德人格的最重要的教育内容。古往今来,大凡有高尚品德的"大丈夫好汉"都以人生"自立"而追求人格的崇高,而一切品格低下,阿谀奉承之辈,都因不能"自立","求庇于人"而丧失起码的人格。这深刻地向人表明在道德教育中,进行"自立"的人格教育的重要性。

李贽倡导"自立",要求人们自立、自理、自强,养成自谋其生,独立不移的骨气、人格,不作趋炎附势,求庇于人的势利小人,这对于培养高尚的道德品质十分重要。道德实践一再表明,凡能"自立"者,必然依靠自己的勤奋劳动和奋发进取来安身立命,谋求生活幸福,从而趋向人格的高尚;凡"求庇于人者",必然不求自身努力,好逸恶劳、投机钻营、百恶俱生、人格堕落。李贽把"自立"教育作为人格教育基础的思想是十分深刻的,对我们今天的道德教育,仍有重要的借鉴意义。

第十六章

王夫之"习与性成"的
道德观和道德教育思想

王夫之是我国明末清初的著名启蒙思想家,我国古代朴素唯物论和朴素辩证法思想的集大成者。他生活的年代,正当中国封建社会末期,资本主义经济萌芽之际。随着社会经济的变动和生产力的提高,新旧道德观念的矛盾日趋尖锐。王夫之站在顺应社会变革潮流的立场上,以"六经责我开生面"的精神,在批判总结程朱理学的"正统"封建伦理道德的基础上,提出了自己的反映时代进步的道德观和道德教育思想。他提出的"性日生则日成""习与性成""以理导欲""循天下之公""以身任天下"的道德观以及"继善成性"的道德教育思想,尽管没能摆脱封建伦理思想的羁绊,但在一定程度上"体现了和人道主义吻合的唯物主义"①,成为我国传统伦理思想和道德教育思想精华的一部分。

一 王夫之"习与性成"的道德观

王夫之的道德观是建立在"气本"论的哲学基础上的。他认为,整个宇宙除了"气",没有他物。"理依于气",理乃是变化过程所呈现出的规律性,理是气之理,理外没有虚托孤立的理。王夫之批判了程朱理学"统心、性、天于理"的客观唯心主义思想,强调"盖言心言性,言天言理,俱必在气上说"(《读四书大全说》卷十)的唯

---

① 中外名人研究中心编:《马克思主义哲学导读》,上海人民出版社 1991 年版,第696 页。

物主义本体论,从而以朴素唯物论和辩证法为指导,建立自己的崭新道德学说。其主要观点有以下几方面:

1. 习与性成

人性理论是王夫之道德学说的起点。王夫之在人性论上的重要贡献,是提出了"性日生则日成""习与性成"的人性形成过程论。朱熹以唯心主义的理一元论,把性分为代表封建伦理纲常的"天地之性"和代表人的自然生理心理的"气质之性",把"人心"与"道心"对立起来,为"明天理,灭人欲"的封建伦理道德服务。王夫之则坚持唯物主义的气一元沦,认为"理"是气之理,因而"性在气中",离开气的理和离开气的性是不存在的。因此,性只是"气质中之性""一本然之性也"(《读四书大全说》卷七),根本不存在与"气质之性"相对立的"天地之性",从而否定了朱熹的人性两重说。

什么是"性"?王夫之明确指出:"性者生理也。"(《尚书引义》卷三)所谓"生理",包括两个方面:其一,指人的自然生理心理需要和本能欲望。他说:"饮食男女之欲,人之共也""货色之好,性也"(《诗广传》卷二)。他指出:"违生之理,浅者以病,深者以死,人不自知,而自取之,而自昧之。"(《读通鉴论》卷二十四)显然,这是指人的自然属性。其二,是指人有别于禽兽的道德理性和是非观念。他指出:人之性与牛犬之性有天壤之别。人之所以为人,是因为人具有人之"独"有的"人道","人道则为人之独"(《思问录·内篇》)。"人道",即人之独有的仁义道德,因此,"仁义自是性"(《读四书大全说》卷十)。这是王夫之对人性的社会属性的一个非常有价值的揭示和规定。他指出:"只如明伦察物,恶旨酒,好善言等事,便是禽兽断做不到处。乃一不如此,伦不明,物不察,唯旨是好,善不知好,即便无异于禽兽。"(《读四书大全说》卷九)王夫之认为：人性是人的自然属性与社会属性的统一，但"人性"区别于"牛犬之性"的根本点，在于人性具有社会性，人有仁义之道德。

那么，"人性"是怎样形成的呢？王夫之指出："夫性者生理也，日生则日成也。"在他看来，人性不是一下子形成的"初生之顷命"，而是一个后天"日生日成"的过程。他明确指出："性也者，岂一受成侀，不受损益也哉？"在他看来，人之有善与不善，并非"初命"所定，而是经过后天的"损益"，逐步形成的。他批判了人性定于"初生之顷"和易于导致道德宿命论的各种形而上学观点。他说："悬一性于初生之顷，为一成不易之侀，揣之曰：'无善无不善'也，'有善有不善'也，'可以为善可以为不善'也。呜乎！岂不妄与！"（以上均见《尚书引义》卷三）

王夫之认为，人性"未成可成，已成可革"，是一个"习与性成"的形成发展过程。他说："习与性成者，习成而性与成。"（《尚书引义》卷三）王夫之认为，人的自然本性，是天生的，而人的"仁义之性"，则是"习成"的，是"后天之性"。他说："先天之性天成之，后天之性习成之也。"（《读四书大全说》卷八）在他看来，人的自然本性，是天之所授，而人的"仁义之性"则是人在日常生活中，经过主观的选择、学习、损益而"习成"的。正是在天生与人为、主观与客观的"相受"过程中，"日生日成""习与性成"。在王夫之看来，"习与成性"的"习"，并不是"习惯"的"习"，不是消极地受环境的影响。他指出："习者人道。"（《俟解》）人道有为，"好学""力行""知耻"，发挥主观能动性，进行正确的"取用""选择"，才能养成"善德"。他指出："取之纯，用之粹而善，取之驳，用之杂而恶。"（《尚书引义》卷三）因而，"习与性成"既可以"成性之善"，也可以"成性之恶"，关键在于人在后天的主观努力。

王夫之"习与成性"的人性论尽管没有最终超越抽象人性论的范畴，但他一方面承认人的自然属性，另一方面已接触到了人的社会属性，并力图把两者统一起来，这是对我国传统人性理论的一大发展。他的"习与性成"的观点，十分重视人的主观能动性，提倡人们在日常习行中，"取多用宏""取纯用粹""新故相推"，以求人性"至善"，注重"是以君子自强不息……以养性也"（《尚书引义》卷三），是十分可贵的。王夫之的人性论，为他的进步道德观和"继善成性"的道德教育论提供了理论前提。

2. 导欲于理

王夫之的理欲观包括"理寓于欲中"和"导欲于理"这互相依存的两个方面。

一方面，王夫之反对程朱理学，把封建伦理道德的"天理"与人们的物质需要与利益的"人欲"对立起来，提出"理寓于欲中"，强调理与欲的统一，批判道学家"绝欲以为理"的说教，肯定了道德同人们的物质生活欲求不可分割。王夫之说："饮食男女之欲，人之大共也。"物质生活的需求，便是"人之大伦"。人伦道德之"天理"，并不是与人的情、欲相对立的东西。相反，"有欲斯有理""理欲皆自然"。他指出："私欲之中，天理所寓。"（《四书训义》卷二十六）王夫之驳斥"离欲而别有理"的观点，认为这是"厌弃物则，而废人之大伦"的禁欲主义有害说教。他认为，仁义道德不是对人们物质欲望的压抑，而是对人的物质需求合理调节的反映。他明确提出："人欲之大公，即天理之至正矣"（《四书训义》卷二），"人欲之各得，即天理之大同，天理之大同，无人欲之或异"（《读四书大全说》卷四）。

王夫之认为，人的物质生活欲望是正当的，既不可一概排斥，也不能无条件"惩忿窒欲"。"大勇浩然,亢王侯而非忿""好乐无荒,思辗转而非欲"。假如"尽用其惩,益摧其壮,竟加以窒,终终其感"(《周易外传》卷三),有悖于人情人性。他还十分深刻地指出,"薄于欲者之亦薄于理"(《诗广传》卷三),只有发展"天地之产",使人们的物质生活"协以其安","饮食男女之欲"得到合理的满足,才是合情合理的。他说:"养其自然生理之文,而修饰之以成乎用者,礼也。"(《俟解》)王夫之强调理欲的统一,不仅把满足人们共同的物质生活需求看作是人伦道德的基础,而且认为人伦道德的作用,在于调节人们的现实利益关系,合理满足人们的物质生活需求,这是对道德的社会本质和作用的有益探索。他把正当的"人情""人欲"提高到"人伦""天理"的高度,充分肯定人们物质生活需求的合理性,具有肯定人的价值,反对封建蒙昧思想,激励人们重新审视封建社会的道德与利益关系的启蒙精神的进步意义。

另一方面,王夫之在理欲关系上,继承了先秦荀子"导欲于理""以义制利"的思想,强调"养性导欲于理"。他认为"实则天理、人性、元无二致"(《读四书大全说》卷八),天理与人性、人欲是统一的。无论什么人,"仁义礼智之理,下愚所不能灭,而声色臭味之欲,上智所不能废,俱可谓之为性"(《张子正蒙注》卷三)。在王夫之看来,满足人类的共同需要即"公欲",是"天理"所在。每个人的"私欲""意欲",则存在"有时而愈天理""不能通于天理之广在,与天则相违者多矣"(《张子正蒙注》卷三)。因此,他主张"导欲于理",以理"遏欲",以仁义道德来遏制与"公欲"对立的利己"私欲"。他说:"唯遏欲可以事亲,可以事天。"(《张子正蒙注》卷九)。理与欲、义与利、道德与利益是互相依存的,"无理则欲滥,无欲则理废"。由于一个人欲望的满足,总要受到客观条件的限制,"纵其心于一求",就会导致"天下之群求塞"的后果,所以要以仁义道德来"遏之"(见《诗广传》卷四)。在这里,王夫之力图从群己关系,即个人与社会、群体的关系上来深入探讨理欲关系,说明"导欲于理",肯定仁义道德在调节人们欲望与利益上的积极作用,这是十分难能可贵的。

王夫之的理欲观既肯定"理于欲中",又重视"导欲于理",使他对理与欲的认识达到一个全新的高度。他说:"天以其阴阳五行之气生人,理即寓焉,而凝之为性。故有声色臭味以厚其生,有仁义礼智以正其德,莫非理之所宜。声色臭味顺其道,则与仁义礼智不相悖害,合两者而互为体。"(《张子正蒙注》卷三)王夫之不仅克服了程朱理学把仁义道德与人欲对立起来的唯心主义倾向,而且克服了纵欲主义的反道德论倾向,坚持理与欲、义与利在朴素唯物主义基础上的辩证统一,对后世有较深刻的思想启示意义。

3. 循天下之公

王夫之从"人欲之大公,即天理之至正"的理欲观出发,怀疑和批判封建社会"三纲五常",提出了"必循天下之公"的公私观。封建道德"三纲五常"的核心是君为臣纲,把封建君王"一人之大私","以为天下之大公"。王夫之目睹当时封建统治者的腐败和广大民众的生存苦难,从体恤民众利益的立场出发,大胆提出以人民百姓的利益为公。他指出:"一姓之兴亡,私也;而生民之生死,公也。"(《读通鉴论》卷十七)就是说,天下社稷不是君王的"家天下",君主的兴亡,只是一家一姓的私事,而天下社稷的主人是人民百姓,只有人民百姓的生死荣辱,才是公共利益所在,是人人应当关心的大事。他把君王一家一姓的私利与人民百姓的公利区别开来,强调重人民之"公利",轻君王之"私利"。他说:"以天下论者,必循天下之公,天下非一姓之私也。"(《读通鉴论》卷末《叙论》)王夫之号召人们"不以一人疑天下,不以天下私一人"(《黄书·宰制》)。在封建统治者的利益与人民百姓利益发生尖锐矛盾的情况下,他认为君权"可禅、可继、可革",以人民群众的利益为本,这是十分难能可贵的。

王夫之"循天下之公"的思想,强调"公者重,私者轻",个人私利应当服从国家、民族、人民的公利。他说:"有一人之正义,有一时之大义,有古今之通义;轻重之衡,公私之辨,三者不可不察。以一人之义,视一时之大义,而一人之义私矣;以一时之义,视古今之通义,而一时之义私矣;公者重,私者轻矣,权衡之所自定也。"王夫之强调:"不可以一人废天下。"(《读通鉴论》卷十四)他说的"古今之通义",则是指以国家、民族的利益为重;"循天下之公",是要求人们在反对民族压迫,维护民族独立的正义斗争中,发扬爱国主义的"大义"。

王夫之是一个热烈的爱国主义者。他对清兵入关后出现的"扬州十日""嘉定三屠"那样惨绝人寰的大屠杀愤慨之至,坚决反对清政府的民族压迫政策。他说:"亡吾国者,吾不共戴天之仇也。"(《读通鉴论》卷一〇)在当时极端艰难的条件下,他竭力强调保持民族的自尊心和自信心,励志图强。他说:"是故中国财足自亿也,兵足自强也,智足自名也。不以一人疑天下,不以天下私一人。休养厉精,士饱粟积,取威万方,濯秦愚,刷宋耻,此以保延千祀。博衣、弁带、仁育、义植之士氓,足以固其族而无忧矣。"王夫之始终对民族的前途抱有乐观主义的态度,认为只要修明政纲,发挥人民的力量,"中国可返汉唐之疆,而绝孤秦陋宋之祸也"(《黄书·宰制》)。

王夫之倡导"循天下之公",以维护民族利益,反对民族压迫,主张汉民族与少数民族的和睦平等相处为"大公"。他一方面强烈反对清朝统治者对汉族人民的残酷剥削压迫,一方面提倡汉族与塞内外少数民族相安共处,"各安其所,我尔不侵"(《读通鉴论》卷二十八)。他还揭露以往汉族封建统治者"贪其利、贪其功",损害少数民族人民的正当利益,认为这是造成"夷狄之蹂中国"的重要原因。王夫之"循天下之公"的民族主义和爱国主义精神,对我国近现代的民族民主革命斗争产生了深远的影响。

　　4. 以身任天下

　　"以身任天下"是王夫之的基本生死观,也是他"循天下之公"考察生命价值的必然结论。在生命与道义的关系问题上,王夫之既不同意传统儒家轻生重义,把人的生命形式看成是物欲的根源、有碍义理体现的观点,也不赞同道家"贵生""主静""长生久视",把"保生"与"为义"对立起来的观点,而主张把"生"与"义","贵生"与"载义"统一起来。

　　王夫之认为,人一方面应当珍视自己的生命,因为"珍生"是"载义"的物质基础。他说:"生以载义,生可贵。"(《尚书引义》卷五)在他看来,人首先要有健康的生命,才能行仁义,讲道德,"以身任天下"。王夫之发挥了《易传》中"天地之大德曰生"的思想,认为"健以存生之理""动以顺生之几",强调以"主动""健身"的方法来"珍生"。他说:"圣人者人之徒,人者生之徒。既已有是人矣,则不得不珍其生。生者,所以舒天地之气而不病于盈也。"(《周易外传》卷二)王夫之的"珍生"思想,包含着对人的生命价值的重视,在我国传统伦理思想中是十分宝贵的。

　　另一方面,王夫之认为,生命之所以可贵,人生之所以有价值,在于"义以立生"。如果"生"与"义"二者不可兼得,要勇于为崇高的道德理想而作出自我牺牲。他说:"义以立生,生可舍。"他认为,为了实践仁义道德,实现崇高的人生与社会理想,人的生命应当把"以身任天下"作为"贵生"与"舍生"的根本尺度。他说:"将贵其生,生非不可贵也,将舍其生,生非不可舍也。"(《尚书引义》卷五)王夫之这种"以身任天下"的生死观和生命价值论,是对我国历史上"舍生取义""杀身成仁"思想的继承与发展。

最为可贵的是,王夫之以毕生的精力,率身践行"以身任天下"的人生宏愿。他以朴素的辩证法和进步的历史观,"体定百年之长虑",明白生死成败相因相转的机理,顺社会发展之"理势",为民族正义事业"与仇敌战,虽败犹荣",置个人生死于度外。他说:"生之与死,成之与败,皆理势之必有,相为圜转而不可测者也。既以身任天下,则死之与败,非意外之凶危;生之与成,抑固然之筹划。生而知其或死,则死而知其固可以生;败而之有可成,则成而抑思其且可以败。生死死生,成败败成,流转于时势,而皆有量以受之,如丸善走,不能逾越于盘中。其不动也如山,其次机也如水,此所谓守气也。气守而心不动,乃以得百里之地而觐诸侯,有天下、传世长久而不危。"(《读通鉴论》卷二八)这是何等通达豪迈的生死观! 他在衡山抗清失败后,亡命瑶山,在极为险恶的环境中,保持崇高的民族气节;为反对民族压迫,继续研究和宣传真理,讲学不辍,坚持斗争。直到晚年,他虽已"白发重梳落万茎,灯花镜影两堪惊",但依然"故国余魂长缥缈,残灯绝笔尚峥嵘"(《七十自定稿,病起连雨四首》)。王夫之忧国忧民,"以身任天下"的高尚品德和爱国主义精神,是我们中华民族传统道德的精华。

二 王夫之"继善成性"的道德教育思想

王夫之作为我国封建社会后期一位"以身任天下"的进步思想家和教育家,十分重视道德教育的社会作用。他认为:治理国家主要在于政治和教育两件大事,并且将政治与教育相比,教育则是更加根本的事情。他指出:"王者之治天下,不外乎政教之二端。语其本末,则教本也,政末也。"(《礼记章句》卷五)他指出,历史上许多朝代的衰亡,在于"教化日衰""失其育才",培养不出国家"可用之才"。王夫之认为,为了挽救国家、民族之危亡,必须批判"锢人之子弟"的陈腐纲常,发扬"循天下之公"的新道德,培养一大批"以身任天下"的英才。

王夫之长期在极为困难的条件下从事学术研究和授徒讲学,言传身教地对弟子进行道德教育。他以自己的朴素唯物论和朴素辩证法作指导,提出了许多有价值的道德教育思想。

1. 继善成性

王夫之"习与性成""日生日成"的人性理论,把人的道德品质看成是一个在后天不断养成变化的过程,直接为道德教育提供了坚实理论基础。他认为,道德教育就是一个发挥人的主观能动性,使人"继善成性"的功夫和过程。王夫之丰富和发展了《周易·系辞上传》中"继之者善也,成之者性也"的思想,以唯物论的观点,对"继善成性"进行了阐释。他说:"继之为功于天人乎! 天以此显其成能,人以此绍其生理也。性则因乎成矣,成则因乎继矣。不成未有性,不继不能成。天人相绍之际,存乎天者莫妙于继。……继之则善矣,不继则不善矣。"(《周易外传》卷五)还说:"性可存也,成可守也,善可用也,继可学也,道可合而不据也。至于继,而作圣之功,蔑以加矣。"(《周易外传》卷五)就是说,"继善成性"是人所特有的能动性。所谓"继",就是"作圣之功",即通过"习""学"来完善自己,锻炼和培养自己的善良品性。

道德教育的根本任务是引导人们"继善",养成人的优良品性。在王夫之看来,性的善,既不是天生的,也不是一蹴而就的。性的善不仅需要人在后天的生活环境中"习"与"学",而且需要人们在生活实践中"成"与"革"。王夫之指出:"故善来复而无难,未成可成,已成可革。性也者,岂一受成侧,不受损害也哉?"(《尚书引义》卷三)"成"即培养、形成;"革"即改变、革新。就是说,人的善性的教育、修养过程,就是一个不断培养、形成善性,改变、革新人性的过程。王夫之"继善成性"的道德教育论,充分重视外在诱导、影响的重要作用,重视人的道德自觉性,在我国传统道德教育史上具有很高的思想价值。

2. 因人而进

王夫之在道德教育实践中,继承和发展《礼记·学记》中"教也者,长善而救其失者也"的重要思想,提出应当采取"因人而进"的教育方法,重视学生在道德心理上的个性差别,从各人的不同特点出发,因材施教,长善救失,帮助他们发扬自己的优点,克服自己的缺点,完善自己的道德人格。

王夫之指出,学生之间在道德心理上存在着不同的个性差异。他们"质有不齐",有刚有柔,有敏有纯;"志量不齐",有大有小,有近有远;"秉德不同",有优有劣,有好有坏;"知识不等",有多有少,有良有莠。因此,教师对学生的道德教育,必须从每个学生的实际情况出发,不论是道德教育的内容,还是道德教育的方法,都要"因人而进"，有针对性地施教。他说："君子之教因人而进之，有不齐之训焉。"(《四书训义》卷五)如果不重视学生的这种个性差别，在道德教育中采取"一概之施"，必然造成"躐等之失"，难以收到良好的教育效果。

为要"因人而进"，先要"必知其人"。王夫之认为，教师深入熟悉和了解每个学生的道德个性，是在道德教育中"因人而进"的关键。他指出："必知其人德性之长而利导之，尤必知其人气质之偏而变化之。"(《四书训义》卷十)强调在知人"德性之长""气质之偏"的基础上，再因人而异地"利导之""变化之"，这是对道德教育规律的一种深刻认识，对后人的道德教育是一种有益的启示。王夫之还指出，教师为了了解学生的不同道德个性，应重视在平时与学生交往中的观察、询问，然后有的放矢地施教。他说："始则视其质，继则问其志，又进而观其所勉与其所至，而分量殊焉。"(《四书训义》卷十)知人之"殊"，有利于"因人而进"。王夫之深刻地指出："顺其所易，矫其所难，成其美，变其恶，教非一也，理一也，从人者异耳。"(《张子正蒙注·中正篇》)就是说，教师对学生的道德品质教育，应从学生的不同个性心理特点出发，长其善，救其失，发扬其优点，矫正其不足，美成其美德，改变其恶习，教育的方法可以因人而异丰富多样，但所遵循的教育规律和所传授的道理是一样的，要努力把学生培养成为对国家、民族有用的德才兼备的人才。

3. 施之有序

王夫之认为，人对道德的认知能力有一个由浅入深、由事入理的逐步培养和发展的过程，而道德实践和道德知识也有一个由粗小而精大的顺序，因而道德教育应当"施之有序"。

王夫之把"立教之序"即整个道德教育的过程分为前后相继、

互相联系的五个阶段。第一阶段是"始教之以粗小之事"，即教导学生从事洒扫、应对这些最基本的道德实践；第二阶段是"继教之以粗小之理"，即在学生从事最基本的道德实践的基础上，对学生从思想上进行道德认识的启蒙，晓之以理，明白最基本的道理；第三阶段"继教之以精大之事"，即引导学生从事正心、诚意、修身、齐家、治国、平天下的"精大之事"的重要实践；第四阶段是"继教之以精大之理"，即在学生明白事情，有一定的道德体验的基础上，由感性认识上升到理性认识，从理论悟性的高度，弄懂正心、诚意、修身、齐家、治国、平天下的"精大之理"；第五阶段是"终以大小精粗理之合一"，即对大小道理融会贯通，全面把握道德教化之真髓（见《读四书大全说》卷七）。王夫之认为，"施之有序"的目的是遵照教育规律，激励学生道德上的"自悟"。他说："教者但能示之以所进之善，而进之之功，大人之自悟。"（《四书训义》卷五）

王夫之"施之有序"的道德教育思想，是对传统的循序渐进原则的继承和发展。他重视道德教育中的由浅入深，由事入理，引导学生从感性体验上升到理性的自悟，从个别的道德判断上升到综合的价值把握。从道德认识论来说，这达到了一个新高度。

4. 明人者先自明

王夫之认为，教师在道德教育中，应当首先自己明理达理，躬身实践道德，做到"明人者先自明"。他说："夫欲使人能悉知之，能决信之，能率行之，必昭昭然知其当然，知其所以然，由来不昧而条理不迷。贤者于此，必先穷理格物以致其知，本末精粗晓然具著于心目，然后垂之为教。"（《四书训义》卷三十八）假如身为教师，对仁义道德实则昏昏然，大义不知其纲，微言不知其隐，是不配为人师的。

王夫之非常重视教师在与学生交往中以身垂范、为人师表，以自己的模范行动去影响和熏陶学生，扶正世道人心。他说："师弟子者以道相交而为人伦。故言必正言。行必正行，教必正教，相扶以正。"(《四书训义》卷三十二)

王夫之认为，在道德教育中，教师的"躬行"与"正道"，是教育学生的根本力量与方法。他说："立教有本，躬行为起化之原，谨教有术，正道为渐摩之益。"(《四书训义》卷三十二)教师自己"正其志于道，则事理皆得，故教者尤以正志为本。"(《张子正蒙注》卷四)

王夫之作为一个立志"循天下之公""以身任天下"的进步思想家、教育家，在明末清初这样一个社会动乱、文化教育昏暗的年代里，以"必恒其教事"的精神，热爱教育事业，精心为国家、民族的未来培养人才，向社会发出"有才皆有用，用之皆可正，存乎树人"这样振聋发聩的呼声。他站在当时时代之前列，育英才于昏暗，起道德于沉沦。尽管他的道德观和道德教育思想，不可能完全突破封建伦理和旧唯物论的局限，但确实达到了他的时代所能达到的进步高度。王夫之自身的高尚人格及其思想，为我国近代许多优秀的思想家、教育家所景仰和推崇。

从历史上看，王夫之具有启蒙意义的道德观和道德教育思想，是我国传统道德论从古代向近代嬗变的重要阶段。在我国近代，随着封建主义经济关系的衰败和资本主义经济关系的孕育和发展，帝国主义对中国的入侵，使我国沦陷为半封建半殖民地的社会，加速了中国传统道德观念和学校道德教育思想的变革与进步。龚自珍、魏源、康有为、谭嗣同、严复、孙中山、蔡元培等一大批杰出的思想家，揭露和批判封建主义旧道德，吸取和宣传"自由、平等、博爱"等资产阶级道德观念，对"忠孝""仁爱""信义""义利"等传统道德观念进行改造,对学校道德教育的目的、内容、方法进行了广泛的探讨,为我国道德观念的历史进步和道德教育思想的近代发展做出了突出的贡献。尽管他们的思想由于阶级与历史的原因,无法克服资产阶级民主主义思想的局限,但在客观上对中国人民冲决封建主义的思想"网罗",重塑符合时代要求的新型理想人格,追随人类的文明进步起到了积极的作用。

第十七章

颜元重"功利""习行"的道德观和道德教育思想

颜元的思想学说,先好陆、王,后转信程、朱,直到 34 岁,在家国多难的形势下,他从自己的切身体验中才知道"静坐读书,乃程、朱、陆、王为禅学所浸淫",非为学之"正务",遂而反对"理学"(《习斋年谱》)。在伦理思想上,颜元主张"非气质无以为性"的人性"气质"一元论和"气质"无恶说,倡导"正其义以谋其利"的功利主义,强调"习行"在其道德教育和道德修养中的作用,进而对程朱理学进行了坚决的批判。

一 颜元重"功利"的道德观

颜元主张"理气融为一片"的唯物主义自然观,同时主张"非气质无以为性"的人性"气质"一元论和"气质"无恶说。在此基础上,颜元倡导"正其义以谋其利"的功利主义思想,强调社会的功用、效用,具有社会功利主义的特点。

1."气质"一元论和"气质"无恶

颜元的人性论的核心是针对程朱的"气质偏有恶"论,提出的"气质"无恶论,而其理论基础则是人性来源的"气质"一元论。

颜元认为:生成万物的材料是气,万物所以然的规律是理。他说:"生成万物者气也……而所以然者理也。"(《言行录·齐家》)理与气是统一而不能分离的,主张"理气融为一片"(《存性编》卷二),因为"气即理之气,理即气之理"(《存性编》卷一)。但在二者之中,颜元肯定了气的主导地位,他说:"知理气融为一片,则阴阳二气,天道之良能也。元亨利贞四德,阴阳二气之良能也。"也就是说,气是阴阳二气,阴阳二气具有元亨利贞"四德",其变化流行就形成春夏秋冬,然后生成万物。可见,就存在的形态说,气是主体,理是气的良能。他又说:"化生万物,元亨利贞之良能也。"化生万物的过程,是元亨利贞"四德"的作用使然。但并不是只有理在化生万物中起作用,因为他说"莫不交通,莫不化生也,无非是气之理也"(以上均见《存性编》卷二),表明理与气共同起作用。在这个作用中,理是不会"交通""化生"的,因而就化生万物的过程来说,起主导作用的仍然是气。

颜元认为,理表现在人身上就是人的性,这个性也就是气质之性,性不能脱离气质而独立存在。他说:"不知若无气质,理将安附!且去此气质,则性反为两间无作用之虚理矣。"这就是说,性脱离气质,就不起任何作用,也就不是真正的性了。又说:"非气质无以为性,非气质无以见性也。"颜元在性与气质的关系上,同样也肯定了气质的主导地位。性与气质的关系,颜元有时也叫作性与形的关系,所以性形也是完全统一的。他说:"舍形则无性矣,舍性则无形矣。"(以上均见《存性编》卷一)

颜元肯定,理与气是统一的,性与形也是统一的,因而"理气俱是天道,性形俱是天命"(《存性编》卷一)。这是反对程朱理学把理气和形性割裂开来、对立起来的观点,反对他们把理和性说成是至善的,进而把气和形说成是至恶的人性二元论观点。因此,他认为理气与形性都是至善的,不能说理善气恶、性善形恶。人的性命、气质虽然有差别,但这种差别是程度的差别,不是性质的差别。这些程度的差别也是后天"引蔽习染"的结果,不是先天固有的。他指出，认为性命是善的，气质形体是恶的，这是佛老的观点。有些人受了佛老的影响，"于是始以性命为情，形体为累，乃敢以有恶加之气质，相衍而莫觉，非矣"（《存性编》卷一）。因而这些人提倡所谓"变化气质"，把人人本来固有的形体看作可厌可弃的，结果使人人不愿习事。

颜元认为，性与形是统一的，又都是至善的，因此不需要"变化气质"，而只需要知性、尽性。他说："吾愿求道者，尽性而已矣。"尽性必须通过形体而不能离开它。所以说："失性者，据形求之；尽性者，于形尽之；贼其形则贼其性矣。"人的形体，就是人性作用的具体表现；外界事物，就是人性的具体对象。所以说："吾身之百体，吾形之作用也。一体不灵，则一用不具；天下之万物，吾性之措施。一物不称其情，则措施有累。"（以上均见《存性编》卷一）这也就是说，据形尽性，既发挥了吾性的作用，也使外界事物各称其情，各得其所。

颜元还把"人性"说成是性、情、才三者统一的有机整体。他说："（性之）发者情也，能发而见于事者，才也；则非情、才无以见性，非气质无所为情、才，即无所为性。是情非也，即性之见也；才非他，即性之能也；气质非他，即性、情、才之气质也。"（《存性编》卷二）这就是说，以气质为基础，性发而为情，才能得以体现，才能见于事物；而性自有发为情，见于事的能力（才）。这实际上提出了一种人性的内在机制论，涉及了道德理性与道德感情的关系。意思是说，道德理性必须表现为道德情感，并通过道德情感而付诸道德行为，而道德理性本身就具有这样的能动性。

在人性论上，颜元盛赞孟子，说"孟子于百说纷纷之中，明性善及才情之善，有功万世"。颜元则以"气质"一元论发挥了孟子的性善论,在许多方面与王夫之相一致。不过王夫之的主要贡献在于提出了"性日生日成"的人性发展过程论,颜元的特点在于强调了"形性不二"和"气质无恶",集中批判了程朱的人性论。他不仅指出了后天环境和习行对道德修养的影响,而且揭露了程朱的"气质偏有恶"说的道德宿命论的实质及其危害。颜元指出:程朱的"气质偏有恶"说,使"人多以气质自诿,竟有'山河易改,本性难移'之谚矣,其误其浅哉!",遂造成"天下之为善者愈阻,曰:'我非无志也,但气质原不如圣贤耳。'天下之为恶者愈不惩,曰:'我非乐为恶也,但气质无如何耳。'"。更有甚者,"恶即从气禀来,则指渔色者气禀之性也,黩货者气禀之性也,弑父弑君者气禀之性也,将所谓隐蔽习染,反置之不问。是不但纵贼杀良,几于释盗寇而囚吾兄弟子侄矣,异哉"(以上均见《存性编》卷一)! 这一批判无疑是对道德宿命论之危害的深刻揭露。

2."正其义以谋其利"的功利主义

颜元提出"正其义以谋其利,明其道而计其功"(《四书正误》卷一)的"义利之辨",以取代由董仲舒提出、受到宋明理学家竭力称道的"正其谊不谋其利,明其道不计其功",标志着北宋李觏以来功利主义反对道义论斗争的总结。颜元的功利主义的义利观,在中国古代"义利之辨"的发展史上,享有重要的地位。

颜元的舍形无性的思想,认为人的性质不但不是人性的累害,而且正是人性实现的条件。而人的欲望可以满足人的形体各方面的需要,因此也是人性的必然表现。颜元认为,这种物质欲望即使比较奢华,也是人之常情,不能像程朱那样将其看作具有罪恶的性质。所以他说:"故礼乐缤纷,极耳目之娱而非欲也""位育乎成,合三才成一性而非侈也"。至于男女夫妇更是人的真情至性的表现,

"故男女者,人之大欲也,亦人之真情至性也"(《存人编》卷一)。

颜元也接受了宋明以来区分天理人欲的思想。他说:"理欲之界若一毫不清,则明德一义先失。"(《言行录·理欲》)在这一点上,其思想与宋明理学的界限并不完全清楚。他认为由气质变化而产生不好的人欲,不是人的气质本然如此,而是后天"隐蔽习染"造成的。而他所谓人欲的具体内容也比较严格,不像朱熹等人那样广泛。他还特别强调劳动可以克服"邪妄之念"的人欲。他说:"吾用力农事,不遑食寝,邪妄之念,亦自不起。若用十分心力,时时往天理上做,则人欲何自生哉。信乎,力行近乎仁也。"(《言行录·理欲》)这与他提倡习行的思想结合较密,都是与过去一般的禁欲主义思想所不同的。更重要的是,他将个人利欲与社会的功利加以明确区别,在社会政治思想上宣扬功利主义思想。颜元认为,董仲舒的反功利主义思想只是掩饰其"空疏无用之学",正确的原则应该是"正其义以谋其利,明其道而计其功",所以,他认为道与功、义与利是完全统一的,"正义便谋利,明道便计功"(《言行录·教及门》)。

颜元还认为,古代王道政治的"精意良法"即是功利主义的富国强兵、奖励耕战的制度,所以说,"治农即以治兵,教文即以教武"(《存治编·治赋》)。他还根据这个原则提出他的政治纲领:"如天不废予,将以七字富天下,垦荒,均田,兴水利;以六字强天下,人皆兵,官皆将;以九字安天下,举人才,正大经,兴礼乐。"(《习斋年谱》)孟子也自称要实行王道,但孟子的所谓王道却反对功利主义的耕战政策,主张"善战者服上刑"之类。颜元认为,善于耕战的人,"自是行道所必用,如何定大罪、服上刑"(《言行录·王次亭》)?因此,他认为孟子的这一点不符合真正的王道精神,是他所"不愿学处"。颜元这些观点当时被他的朋友认为夹有"杂霸"思想,他也不以为然。颜元特别强调古代王道的功利主义,提倡整军经武,使人人皆以从军为荣。他说:"军者,天地之义气,天子之强民,达德之勇,天下至荣也。故古者童子荷戈以卫社稷,必葬以成人之礼,示荣也。"(《言行论·不为》)后来这个传统消失了,重文轻武,宋朝已开始突出,明代继承这个遗风,"衣冠之士羞于武夫齿,秀才挟弓矢出,乡人皆惊,甚至子弟骑射武装,父兄便以不才目之"(《存学编》卷二)。在这样鄙视习武的影响下,"疆场岂复有敌忾之军乎"(《颜习斋先生言行录》)?

颜元把功利主义思想用来评价历史人物,发挥得比较具体,提出了一些独到的见解。例如,对王安石的功过,宋明以来,就有不同的评价,贬斥王安石的人比较多。颜元认为,王安石所实行的变法,大都是富国强兵的良法,他所用的人才,多属治国安邦的人才。在当时的环境下,王安石敢于独排众议,使用一些人才,坚持变法,实在是一个特立独行的人。他说:"荆公之所忧,皆司马韩范辈所不知忧者也;荆公之所见,皆周程张邵辈所不及见者也;荆公之所欲为,皆当时隐见诸书生所不肯为、不敢为、不能为者也。"(《习斋记余》卷六)可是就因为他想富国强兵,抵抗民族压迫,却遭受诬谤。因此,他深为感慨地说:"所恨诬此一人,而遂普忘君父之仇也,而天下后世遂群以苟安颓靡为君子,而建功立业欲揩挂乾坤者为小人也。岂独荆公之不幸,宋之不幸也哉!"(《习斋年谱》)实际上,他是感慨王道功利主义的长期沦丧。

颜元特别愤恨宋朝反功利思想所造成的危害,认为是风气衰败、社会动乱的主要原因。他说:"宋人但见料理边疆,便指为多事;见理财,便指为聚敛;见心计材武,便憎恶斥为小人,此风不变,乾坤无宁日矣!"(《习斋年谱》)他还认为造成这种反功利思想的流行,朱熹实为罪魁祸首。他说:"及其居恒传心,静坐主敬之外无余理;日烛勤劳,解书修史之外无余功;在朝莅政,正心诚意之外无余言。以致乘肩舆而出,轻浮之士遮路而进厌闻之诮。虽未当要路而历仕四朝,在外九考,立朝四旬,其所建白概可见也。"(《存学编》卷三)当时,在"静坐主敬""解书修史"风气的影响下,反对实学,鄙视功利,结果是"士无学术,朝无政事,民无风俗,边疆无吏功"(《习斋记余》卷九)。因而,在北方民族的压迫下称臣纳币,这些人口口声声以圣贤自许,到民族危难时,根本不能有丝毫作为,"无事袖手谈心性,临危一死报君王,即为上品矣"(《存学编》卷一)! 颜元还讽刺这些人甚至不能做一个孝子,奋起进行抵抗;而只能作一个孝女,在无可奈何之下以死报国。当然,他的功利主义还停留在古代以耕战为主的富国强兵思想上,与当时南方新兴的工商业没有联系起来,缺乏时代的色彩,这也是他的局限所在。

二 颜元倡"实学"、重"习行"的道德教育思想

颜元倡导"实学""习行",认为"身实学之,身实习之,终身不懈者"(《存学编》卷一),是排除"隐蔽习染"而成就理想人格的必由之路。这一"实学""习行"的成人之道,融道德教育、道德修养与哲学认识论于一体,是颜元伦理思想中最具特色的内容。

1. 倡"实学"

在关于"学术"的问题上,颜元坚决反对宋明理学家那一套离事离物的"空疏无用之学",提倡一种"见之事""征诸物"的实事实

物之学,这被他称之为"实学"①。

"实学"的具体内容是:"尧舜之正德、利用、厚生"和"周公之六德、六行、六艺"。前者,"谓之三事,不见之事,非德,非用,非生也";后者,"谓之三物,不征诸物,非德,非行,非艺也"(《习斋年谱》)。其实,"六德即尧舜所为正德也,六行即尧舜所为厚生也,六艺即尧舜所为利用也"(《习斋记余》卷三)。颜元之所以名其学为"事""物",他说:"夫尧舜之道而必以'事'名,周孔之学而必以'物'名,俨若预烛后世必有离事离物而为心口悬空之道、纸墨虚华之学。"(《习斋记余》卷三)可见,颜元所倡导的"学术",虽然未脱"圣经贤传"之古装,但其内容却具有了时代的新义。这里所说的后世"离事离物"之学,就是"诵读诗书,讲解义理"即空谈"心性"的宋明理学,颜元称之为"文"。这是"行外之文",它滥觞于汉儒,而至宋儒益盛,"且章释老附会六经四子中,失、使天下迷酩"(《习斋记余》卷九),造成"人人禅子,家家虚文"(《习斋年谱》),致使"普地痒塾无一可用之人才,九州职位无一济世之政事"(《习斋记余》卷九)。因此,为了"救生民"于理学"虚文"之"蠹"及讲道"妖氛"之"迷",造就"斡旋乾坤,利济苍生",即"经世济民"之才,就必须提倡实事、实物而有"实功"的"实学"。颜元认为:"文盛之极则必衰,文衰之返则有二",其一"是文衰而返于'实'",其二"是文衰而返于'野'"(《存学编》卷四)。他所理想的并努力的是"返于'实'",认为现在正是返于"实",即提倡"实学"的时候了。为此,颜元付出了毕生的精力。

---

① "实学"一词最早由北宋理学家程颐提出,后为理学和心学的许多代表人物所沿用。

2. 重"习行"

颜元认为"学术者,人才之本也"(《习斋记余》卷一)。人才培养,道德修养,必须以"实学"为内容;而为了实学"三事""三物",又必须"实习之",即通过"习行"工夫。

颜元指出"明道不在诗书章句,学不在颖悟诵读"(《存学编》卷一)。宋明理学家所论的既是"事外之理,行外之文",即离事离物的"空静之理",因而其修养方法,必然是"主静""持敬"一套"空静之功"。颜元认为,这种工夫虽可谓"妙",但却是"镜花水月",于学"无用",而且"徒苦半生,为腐朽之枯禅""自欺一生而已矣"(《存人编》卷一)。与理学的"空静之功"针锋相对,颜元明确指出:"吾辈只向习行上做工夫,不可向语言文字上着力。"又说:"孔子开章第一句,道尽学宗。思过、读过,总不如学过;一学便住也终殆,不如习过;习三两次,终不与我为一,总不如时习方能有得。习与性成,方是'乾坤不息'。"(《言行录》)认为"习行"是"明道""成性"的根本工夫,它比思、读、学更重要;而"习"又必须"时习"不息,如此方能成德性。

颜元要求人们注意"学而时习之"的"习"与"习相远也"的"习"之间的区别。他认为前者是"教人习善",后者是"戒人习恶",两者在对象、方向及其后果上是不同的。在颜元看来,人往往"不习于性所本有之善,必习于性之本无之恶"。因此,他要求学者习行"六艺""习其性之所本有",使"性之所本无者,不得而引之蔽之",而不引蔽就不会习染,也就可以"得免于恶矣"(《言行录》)。颜元对"习"的这种分析,对于认识和修养都有其合理之处。

颜元所倡导的"习",强调要就"事""物"上实际地去做,即所谓"寻事去行"。所以称"习"为"实习""实践""习行"。颜元认为,读书固然不可一概排除，但"读书特致之一端耳"，要"致知"就必须通过"习行"，"习行"是"致知"的源泉。正是根据"习行"的观点，颜元对"格物"作了新的解释。他说："格即手格猛兽之格，手格杀之格。"（《四书正误》卷一）认为"格"就是亲自动手去接触事物，即"犯手实做其事"。只有这样，方能"致知"。这无疑是唯物主义的观点。但是，颜元所要求格的"物"，主要是指"六德""六行""六艺"，他说："吾断以为物即'三物'之物"，而所谓"致知"，也就是"明道"。颜元认为"理在事中"，只有通过"格物""习行"，才能认识"事"中之"理"，从而"涵濡性情"，成就德性。当然，颜元讲"习行"有验证德性和学问之义，正所谓"吾谓德性以用而见其醇驳，口笔之醇者不足恃；学问以用而见其得失，口笔之得者不足恃"（《习斋年谱》）。这也体现了他的功利主义原则。

在修养工夫上，颜元最痛恨理学家的"主静"或"静坐"，为此，他又突出了一个"动"字，故称"习行"为"习动"。他说："宋元来儒者皆习静，今日正可言习动。""习动"就是"夙兴夜寐，振作精神，寻事去做，行之有常，并不困疲"，充分发挥"习"的主观能动性，这就能使身心"日益精壮"（《言行录》）。他认为"习动"的结果是，一身动则一身强，一家动则一家强，一国动则一国强，天下动则天下强。"静坐"还是"习动"不仅是造就人才的根本，而且还是世之强弱、兴亡的关键。他说："三皇五帝三王周孔皆教天下以动之圣人也，皆以动造成世道之圣人也，五霸之假，正假其动也。汉唐袭其动之一二，以造其世也。晋宋之苟安，佛之空，老之无，周程朱邵之静坐，徒事口笔，总之皆不动也。而人才尽矣，圣道亡矣，乾坤降矣！"（《言行录》）这里颜元以"动""静"对立来说明人才成废、世道兴衰，虽只是一隅之见，但就治学之道而言，不能不说是对宋明理学唯心主义修养论的重要补失。

　　颜元强调"习行""习动"在道德认识中的地位和作用,正是在这一方面,不仅深刻地批判了唯心主义的修养论,而且也超过了以往的朴素唯物主义的修养论。不过,他虽主张"省察",但毕竟忽视了理性思维,因此使他的道德修养论和认识论具有经验论的局限。

第十八章

孙中山"天下为公"的道德观和道德教育思想

孙中山先生是我国近代最杰出的资产阶级民主革命家和思想家。他出身于农民家庭,从青年时代起受到西方资产阶级进步思想的影响,立志拯救同胞、振兴中华,积极参加"倾覆清廷,创建民国"的斗争。1905 年,他领导成立了同盟会,明确提出了资产阶级民主革命理论。1911 年,他领导的辛亥革命推翻了清王朝统治,为中国的民主革命建立了伟大历史功绩。辛亥革命失败后,他提出"联俄、联共、扶助农工"三大政策,重新解释三民主义,走上了新民主主义革命的道路。孙中山是在我国从近代封建专制主义转向革命民主主义历史关头,能"站在正面指导时代潮流的伟大历史人物"[1],为改造社会、振兴中华,鞠躬尽瘁,死而后已。这位伟大的革命先行者的一生,是为中华民族的解放事业英勇奋斗的一生。他在道德思想方面,"留给我们许多有益的东西"[2]。他提出的"天下为公""替众人服务"等进步道德观,以及恢复和改造民族"固有的道德",改良国民人格来救国的道德教育思想,是一份值得我们认真总结、继承的珍贵道德文化遗产。

一　孙中山"天下为公"的道德观

　　孙中山的伦理道德思想,是他在亲身参加中国人民反对民族压

---

[1] 《毛泽东选集》第五卷,人民出版社 1966 年版,第 312 页。
[2] 同上,第 311 页。

迫,争取国家独立的反帝反封建的革命斗争中形成和发展起来的。拯救国家和民族的强烈爱国主义精神,对灾难深重的中国穷苦大众的无限同情,使他成为受列宁赞扬的"充满着崇高精神和英雄气概的革命的民主主义者"[①]。他在领导中国资产阶级民主革命斗争中宣传和阐述的"天下为公""替众人服务""爱国心重,其国必强"和"人类以互助为原则"的进步道德观,既代表了中国资产阶级的政治与经济利益,又在一定程度上超出了资产阶级的自私自利的眼界,代表了当时中华民族反对封建主义和帝国主义压迫,争取民族和人民解放的根本利益,达到了可贵的思想高度。

1. 天下为公,替众人服务

"大同世界"是孙中山改造中国所追求的最高社会理想。他认为,实现人人平等、自由、幸福的大同世界,是人类社会全新的境域和崭新的世界,而"新世界之出现,则必须有高尚思想与强毅能力,以为之先"。这种能引导大同世界实现的"高尚思想",就是"天下为公"的思想。

孙中山先生借用中国古代的大同理想和"天下为公"的概念,来阐发自己的新思想。他说:"孔子有言曰:'大道之行也,天下为公。'为此,则人人不独亲其亲,人人不独子其子,是为大同世界,大同世界,即所谓'天下为公',要使老者有所养,壮者有所营,幼者有所教。孔子之理想世界,真能实现,然后不见可欲,则民不争,甲兵亦可以不用矣。今日惟俄国新创设之政府,颇与此相似,凡有志者、幼者、残疾者,皆由政府养,故谓之劳农政府。其主义在打破贵族及资本家之专制。"(《在桂林对滇赣粤军的演说》)他倡导的"天

---

① 《列宁全集》第二十一卷,人民出版社1990年版,第458页。

下为公"的"大同世界",不仅要人人互助亲爱,而且要"打破贵族及资本家之专制",人人平等,共同劳动,无尊卑贵贱之差,消灭阶级对立。他说:"农以生之,工以成之,商以通之,士以治之,各尽其事,各执其业,幸福不平而自平,权利不等而自尊,自此演进,不难致大同之世。"(《在上海中国社会党的演说》)

"天下为公"是实现美好的"大同世界"的精神道德前提。究竟什么是"天下为公"? 孙中山指出,首先,"天下为公"就是要"替众人服务"。他说:"现在文明进化的人类,觉悟起来,发生一种新道德。这种新道德,就是有聪明能力的人,应该要替众人服务。这种替众人服务的新道德,就是世界上道德的新潮流。"(《世界道德之新潮流》)替众人服务,要求"人人当以服务为目的,不以夺取为目的"。他认为人人都应该使自己成为"重于利人的人",而不能成为"重于利己的人",更不能自私自利,不求为公众服务,只贪图向社会夺取。他倡导大家都要确立高尚的新道德,"为国家、为人民、为社会、为世界服务"。他还说:"聪明才力愈大者,当尽其能力而服千万人之务,造千万人之福。"(《三民主义·民权主义》第三讲)

其次,"天下为公"就是要"为大家谋幸福"。孙中山指出"聪明才力之人,专用彼之才能,以谋他人的幸福"(《中山全书》第1册)。还说,一个革命者在摧毁旧世界的破坏时代,应当牺牲个人利益,为大家谋幸福,"当建设时代,还要牺牲个人,为大家谋幸福"(《谋建设须扫除旧思想,提倡国家社会主义》)。在他看来,一个道德高尚的人,必须具有"公共心",以"谋他人的幸福""为大家谋幸福"为最大的人生光荣。一个人能在幸福观上,把谋他人的幸福、谋大家的幸福放在谋个人的幸福之上,才算得上是一个真正有道德的人。革命者应"以天下为己任",以为人民大众谋幸福作为自己最崇高的人生目标。

孙中山在我国人民民主主义革命的斗争中,高举"天下为公"的道德旗帜,号召全体革命者和进步民众确立"替众人服务""为大家谋幸福"的高尚道德观和进步人生观,不仅赋予我国传统的"天下为公"思想以全新的含义,而且它作为一种新型的道德价值观念,冲破了资产阶级和一切剥削阶级自私自利、损人利己旧思想的束缚,较早地明确提出应把替人民大众服务,为人民大众谋幸福作为中国新道德的基本原则,对我国近现代新道德思想的形成,起到了积极的促进作用。正是在孙中山"天下为公""替众人服务""为大家谋幸福"的进步道德观的鼓舞下,我国有无数的革命志士投入当时的民主主义革命斗争的时代洪流,许多人在这高尚的道德观念的影响下,成为民主主义新思想、新道德的热烈拥护者。

2. 爱国心重,其国必强

与"天下为公""替众人服务"的进步道德观相联系,孙中山把爱国主义作为一项重要的道德规范。面对帝国主义列强侵略中国,封建主义、帝国主义互相勾结,残酷剥削、压迫中国人民的现实,一个人要实践"天下为公""替众人服务"的道德信念,首先要有"爱国心"。孙中山认为,国民有无爱国心,爱国心的轻重,直接关系到中华民族的兴衰存亡。他说,国民的"爱国心重,其国必强,反是必弱"(《军人精神教育》)。

那么,什么是"爱国心"呢?孙中山认为,其一,要认清个人对祖国负有神圣的责任和义务。为了激发人们的爱国热情,孙中山以生动的语言来说明爱国与爱家的关系。他说:"家和国是什么关系呢?家庭要靠什么才可以生活呢?各个家庭都要靠国,才可以生活。国是合计几千万家庭而成,就是大众的一个大家庭。学生爱先生的教育,知道对于学校有尊敬师长爱护学校的责任,对于家庭有孝顺父母亲爱家庭的责任,对于国家也有一种责任,这责任是更大的,是千万人应该有的责任。"(《孙中山选集》下卷)就是说,"国"是由"家"组成的,"家"的幸福生活,要靠"国"的强盛。一个人不仅要把孝敬父母、亲爱家庭看作是自己的道德责任,而且要把热爱祖国、救国救民看作是自己更大的道德责任。把"爱家"与"爱国"统一起来,就是把个人利益与国家、民族利益统一起来;把"爱国"的责任放在爱家的责任之上,就是使个人利益服从国家、民族的利益。这是一个人坚持爱国主义道德的基本前提。

其二,要有"救国之仁""爱国之仁"。孙中山认为,爱国主义不仅是一种"仁爱"或"博爱",而且是一种真正的对自己的祖国、同胞的赤诚之爱、"博爱之心情"。爱国之心常常萌发于对祖国同胞遭受痛苦的真诚同情。他在《对岭南大学学生欢迎会演说词》中说:"中国是世界上最贫穷的国家,诸君享这样的安乐幸福,想到国民同胞的痛苦,应该有一种恻隐怜爱之心。孟子说:'无恻隐之心非人也。'这是诸君所固有的良知。诸君应该立志,想一种什么方法来救穷救弱。"就是说,一切有良知的中国人,都应从同情国民同胞的痛苦中产生"爱国心",立志救人民大众的贫穷、救中华民族之衰弱,走救国救民,改造旧中国,建设新中国的爱国主义大道。孙中山向国人大声疾呼:"中国现在是一个民穷财尽的世界,是一个很痛苦的世界。无论哪一种人在这个世界之内,都不能享人生的幸福。现在中国之内,这种痛苦日日增进,这种烦恼天天加多。我们看到这种痛苦世界,应该有悲天悯人之心,发生大慈大悲,去超度这个世界。把不好的地方,改变到好的地方;把这种旧世界,改造成新世界。"(《对驻广州湘军演说》)尽管他在这里借用了佛教的语言,但他要倡导的是人们把对民众痛苦的同情之心,上升为爱国之心,立志"把这种旧世界,改造成新世界"。他明确指出,一个人有"救国之仁""爱国之仁",应当把国家、民族的兴亡放在第一位,"专为国家出死力,牺牲生命,在所不计"。他说:"舍生以救国,志士之仁也。"毫无疑问,这是爱国主义的一种极高境界。

其三,要"做救国救民的事业",使"中国强盛"。孙中山认为,一个具有"爱国心"的人,应当立志为国家的强盛而奋斗,一心一意"谋国家富强",踏踏实实地"做救国救民的事业"。革命者投身国民革命,不仅要推翻清朝的封建统治,建立民国,而且还要建设好国家,使中国逐渐强盛起来,把中国造成世界上第一个好国家。他说:"我们的土地广,人民多,中国人天生的聪明才力比西洋人、东洋人都要好得多。我们国家改造好了,中国强盛,还要驾乎他们之上。"还说:"要达到这种目的,便要大家有大志气,不可有小志气。个人升官发财是小志气,大家为国奋斗,造成世界上第一个好国家,才是大志气。"(以上均见《革命成功始得享国民幸福》)就是说,一个爱国者要把"为国奋斗",使"中国强盛",把中国"造成世界上第一个好国家"作为自己的崇高理想和志愿。有了这样的远大爱国主义理想和志愿,就要见之于自己的行动。切切实实地干一番救国救民的事业。他指出:"我们要把革命做成功,便要从今天起,立一个志愿,一生一世都不存升官发财的心理。只知道做救国救民的事业……一心一意的来革命,才可以达到革命的目的。"(《革命的基础在高深的学问》)他把确立爱国主义的理想与"做救国救民的事业"统一起来,要求人们把实现爱国主义的理想,建筑在每个人"为国奋斗""做救国救民的事业"的现实基础上,是对我国爱国主义思想的新阐发,对于动员广大人民群众以实际行动拯救祖国、建设国家、振兴中华，具有重要的现实意义。

令人敬佩的是，孙中山不仅从思想上、理论上始终不渝地倡导爱国主义，而且他自身是一个热烈而伟大的爱国先行者。他从青少年时代起，目睹国家的贫弱和人民的疾苦，就怀有"必使我国人人皆免苦难，皆享福乐而后快"（《孙中山全集》第2卷）的远大抱负。拯救国家和民族的强烈责任感，使他明确地意识到，一个革命者应当"心地光明，确具忠义，有心爱戴中国，肯为其父母邦竭力，维持中国以臻强盛"（《孙中山全集》第1卷）。他把救国救民，振兴中华民族作为自己的神圣天职，坚贞自操、艰苦备尝、九死一生、奋斗不息。爱国主义精神，成为孙中山全部道德精神的基石。毛泽东评价说："他全心全意地为了改造中国而耗费了毕生的精力，真是鞠躬尽瘁，死而后已。"[1]孙中山的爱国主义崇高思想和伟大精神，永远值得我们全体中国人民学习和发扬。

3. 人类以互助为原则

孙中山认为，人与人之间相互关系的基本道德原则是"互助"。一切"道德仁义"，都是人类互助精神的体现。作为一个进化论的拥护者，他认为"世界万物皆由进化而成"。但他同时认为，物种的进化与人类的进化借助的行为机制是根本不同的。物种的进化靠"竞争"，而人类的一切进化则是靠"互助"。他指出："人类初出之时，亦与禽兽无异，再经几许万年之进化，而始长成人性，而人类之进化，于是乎起源。此期之进化原则，则与物种之进化原则不同。物种以竞争为原则，人类则以互助为原则。社会国家者，互助之体也；道德仁义者，互助之用也。人类顺此原则则昌，不顺此原则则

---

[1]《毛泽东选集》第五卷，人民出版社1966年版，第312页。

亡。"他强调说："人类自入文明之后,则天性所趋,己莫之为而为,莫之致而致,向于互助之原则,以求达人类进化之目的矣。"(以上均见《孙文学说》)

在孙中山看来,人类只有以互助为原则,协调一致,互相帮助才能求生存,有进化。他说："人处于社会之中,相资为用,互助以成也"(《孙文学说》),"人类进化,非相匡相互,无以自存"(《非学问无以建设》)。并且进一步指出"人类进化之主动力,在于互助,不在于竞争"(《非学问无以建设》)。一个国家的国民,只有同心互助,和衷共济,才能民富国强,百姓安康。他说："国家者,载民之舟也。舟行大海中,猝遇风涛,当同心互助,以谋共济。"(《实行三民主义改造新国家》)

尽管孙中山把人类的"互助"看作是社会文明进步的"主动力"的提法不尽科学,但他明确地向人们揭示了人类的互助行为和互助精神在社会文明进步中起着重要的作用,无疑具有重要的思想价值。道德的真正含义,是要求人们在追求自身利益的同时,考虑和照顾到他人与群体的利益。以互助为原则,就要求人们超越自私自利的观念,关心和帮助他人、集体和社会的利益。积极倡导人们"以互助为原则",有利于人们互相同情、互相帮助,在道德上避恶趋善。特别是在反帝反封建的革命斗争中,孙中山提倡"以互助为原则"的进步道德观,有利于启发人民的道德进取心,加强民族团结,鼓励人们同心互助、风雨同济,为国家和民族的共同利益而奋斗,在当时有着重要的道德进步意义。

二 孙中山的民族道德教育思想

辛亥革命后,孙中山曾把中国的改造和建设工作,概括为"物质文明"建设和"心性文明"建设。他说的所谓"心性文明",又叫"精神上之建设",也即精神文明。他认为,一个国家要生存、发展、强盛起来,应当既重视物质文明建设,又重视国民的"心性文明"建设。他指出"物质文明与心性文明相待,而后能进步"(《孙文学说》),在"心性文明"的建设中,他非常重视国民的道德教育。他说:"有了很好的道德,国家才能长治久安。"(《三民主义·民族主义》第六讲)在孙中山丰富的道德教育思想中,恢复和改造"民族固有道德",重视国民的人格教育等思想的影响最大。

1. 恢复和改造民族固有的道德

五四运动时期,我国许多进步的思想家和革命者,一面猛烈抨击"三纲五常"等封建礼教,一面宣扬和介绍西方自由、平等、博爱等资产阶级道德观念,在一定意义上推动了中国社会的道德进步。但在这新文化运动中,也有一些人对中国的传统伦理道德采取全盘否定的态度,主张全盘西化。孙中山坚持认为,对于包括儒家思想在内的中国道德传统,不能采取民族文化虚无主义的态度,而应当从中国和世界文明进步的需要出发,进行分析和选择,继承和发扬中华民族的优秀文化和道德传统。他正确地指出:"我们固有的东西,如果是好的,当然是要保存,不好的才可以放弃。"(《三民主义·民族主义》第六讲)

孙中山认为,要追随道德文明的进步潮流,建设国民的心性文明,一项很重要的任务是恢复和发扬中华民族的传统美德。他在欧美学习考察,目睹西方国家"只见物质文明"而"道德天天退步",深感中华民族的优秀道德,"比外国民族的道德高尚得多"。他说:"因为我们民族的道德高尚,故国家虽亡,民族还能够存在;不但是自己的民族能够存在,并且有力量能够同化外来的民族。所以穷本极源,我们现在要恢复民族的地位,除了大家联合起来做成一个国族团体以外,就要把固有的旧道德先恢复起来。有了固有的道德,然后固有的民族地位才可以恢复。"(《三民主义·民族主义》第六讲)值得我们注意的是,孙中山倡导恢复民族"固有的道德",并不是指作为封建主义旧道德的"三纲五常",而是指中华民族固有的优秀道德。他也并不是要求人们把以往的优秀道德原封不动地作简单地恢复,而是要求人们从建设民主共和新国家的需要出发,对固有的道德进行改良和再造,建设民主主义的新道德。

那么,什么是中华民族"固有的道德"呢?孙中山说:"讲到中国固有的道德,中国人至今不能忘记的,首先是忠孝,次是仁爱,其次是信义,其次是和平。"(《三民主义·民族主义》第六讲)他把忠孝、仁爱、信义、和平的"八德",看作是全体国人应当继承和发扬的民族固有的美德。尽管这"八德"的基本概念是封建道德长期使用的,但孙中山从建设民主主义新道德的需要出发,一一作了新的阐释,使这些传统道德规范有了新的含义,成为新的历史条件下引导民族道德进步的具有中国特色的民众道德规范。

关于"忠孝",孙中山指出,一般人的思想,以为从前讲忠字是对于君的,所谓忠君,现在民国没有君主,忠字可以不提倡了,这种理论实在是误解。他说:"因为在国家之内,君主可以不要,忠字是不能不要的,如果说忠字可以不要,试问我们有没有国呢?我们的忠字可不可以用之于国呢?我们到现在说忠于君,固然是不可以,说忠于国是可不可呢?忠于事又是可不可呢?我们做一件事,总要始终不渝,做到成功,如果做不成功,就是把性命去牺牲,亦所不惜,这便是忠。"他明确提出"要忠于国,要忠于民,要为四万万人效忠"。显而易见,孙中山提倡对人民进行"忠"的道德教育,是要培养人们忠于国家、忠于人民、忠于事业、忠于职守的新道德,使忠字有了全新的道德内容。讲到孝,他认为是中国传统道德的"特长"。他说:"现在世界中最文明的国家,讲到孝字还没有像中国讲到这么完全",中国的孝道"比各国进步得多","所以孝字更是不能不要"(以上均见《三民主义·民族主义》第六讲)。这里讲的孝,主要是倡导人们发扬中国人敬重父母、孝敬老人的优良传统,这显然是有益的。

什么是应当在人民群众中发扬的"仁爱"呢?孙中山解释说:"仁之定义,如唐韩愈所云'博爱之谓仁',敢云适当。博爱云者,为公爱,而非私爱""能博爱者,即可谓之仁"。他认为,"仁爱"就是"博爱",而"博爱"就是为"公爱"而非"私爱"。不能像儒家主张的"爱有差等",而应将爱"能普及于人人"。孙中山还把"仁爱"分为三种,"仁之种类有救世、救人、救国三者,其性质皆为博爱"(《军人精神教育》)。所谓救世即宗教家之仁,所谓救人即慈善家之仁,所谓救国即志士爱国之仁。他要教育民众发扬的正是"志士爱国之仁"。他指出,心怀爱国之仁的救国者,"与宗教家、慈善家,同其心术,而异其目的,专为国家出死力,牺牲性命,在所不计",这是一种真正的"仁爱"或"博爱"。孙中山吸取西方资产阶级"博爱"思想中的有益因素来解释中国固有的"仁爱"精神,教导人们"为公爱而非私爱",发扬爱国、爱民的崇高道德,把中国传统的"仁爱"精神升华到一种新的境界。他说,为了救国救民的神圣目的,"把仁爱恢复起来,再去发扬光大,这便是中国固有的精神"(《三民主义·民族主义》第六讲)。

关于"信义",孙中山说:"中国古时对于邻国和对于朋友,都是讲信的。依我看来,就信字一方面的道德,中国人实在比外国人好得多。"(《三民主义·民族主义》第六讲)还说:"至于讲到义字,中国在很强盛的时代也没有完全去灭人国家。"(《三民主义·民族主义》第六讲)他特别谴责了帝国主义列强不讲起码"信义",侵略和掠夺弱小国家的罪行。

关于"和平",孙中山赞扬说:"中国更有一种极好的道德,是爱和平。"他指出"中国人几千年酷爱和平,都是出于天性""这种特别的好道德,便是我们民族的精神。我们以后对于这种精神不但是要保存,并且要发扬光大,然后我们民族的地位才可以恢复。"同时,他还指出,与中国人爱好和平的天性相反,某些"外国都是讲战争,主张帝国主义去灭人的国家"。正是为了捍卫和平,反对帝国主义的侵略,"世界中最爱和平"的中国人,也要用正义的武力来捍卫民族的主权和国家的安宁。他说:"我们要完全收回我们的权力,便要诉诸武力。"(《三民主义·民族主义》第六讲)在存在帝国主义侵略的情况下,和平要用正义的武力来保卫。

由此可见,孙中山倡导恢复民族"固有的道德",绝不是要原封不动地恢复中国旧有的道德,更不是要恢复"三纲五常""三从四德"等封建伦理道德,而是从民主主义革命的现实需要出发,分析改造旧道德,继承中华民族的优秀道德传统,振兴民族道德精华。当然,孙中山有时夸大了传统道德的社会作用,如认为"国民在民国之内,能够把忠孝二者讲到极点,国家便自然可以强盛"(《三民主义·民族主义》第六讲)。但是,他在中国思想道德观念急剧变化的过程中,既肯定"一般爱国青年无不以革新思想为将来革新事业之预备",肯定"革命之成功,必有赖于思想之大变动"(《关于五四运动》),又肯定恢复和改造中国"固有的道德"的必要性,倡导弘扬中华民族的优秀道德传统,并把它提高到恢复民族精神和恢复固有的民族地位的认识高度,是很有见地的,这对于我们如何在道德建设中重视祖国优秀道德传统的教育,是十分有益的启示。

2. 改良国民人格来救国

孙中山认为,为了实现"天下为公"的大同世界,必须高度重视全民族的道德教育,使人人"尚道德、明公理""造成顶好的人格",推动社会的进步。国民有无好的人格,直接关系到社会道德风尚的好坏和国家、民族的兴衰。因此,道德教育的目的,是通过改良国民人格来"救国",而国民应以锻炼和培养高尚的人格来救国。

孙中山指出,社会的道德教育"是重要的,是要令人群社会天天进步。要人类天天进步的方法,当然是在合大家的力量,用一种宗旨,互相劝勉,彼此身体力行,造成顶好的人格。人类的人格既好,社会当然进步"(《国民要以人格救国》)。他认为,人格的好坏在社会发展的过程中起到至关重要的作用。推翻清朝,建立民国之后,他看到中国受几千年的封建专制统治,不少民众人格扭曲,道德不健全,一些权柄独揽的官僚政客和军阀专横跋扈,以权谋私,胡作非为。他深感若不培养国民的人格,不能实现革命的目的。他说:"今民国既已完成,国民之希望正大,然最要者为人格。"(《女子教育之重要》)他指出:"我们要人类进步,是在造就高尚人格""我们要造成一个好国家,便先要人人有好人格"。因此,一切道德教育"要正本清源,自根本上做工夫,便是在改良人格来救国"。他呼吁:"国民要以人格救国。"(以上均见《国民要以人格救国》)那么,什么是能借以救国的"高尚人格"呢?孙中山认为,高尚的人格即是有"天下为公"的道德理想,有"替众人服务""为大家谋幸福"的道德信念,有为革命、为救国而死,"我死则国生"的高尚生死观,有"富贵不能淫,贫贱不能移,威武不能屈"的正直人品。

孙中山认为,为了培养国民高尚的人格,要切忌空谈,而应"从自己方寸之地做起"(《革命军的基础在高深的学问》)。他特别强调每个人应从自己的本职工作实际出发,从"心理上的革命"做起,"把自己从前不好的思想、习惯和性质……都一概革除"(《革命军的基础在高深的学问》),培养和锻炼自己高尚的人格。在国民道德人格的教育、培养上,孙中山非常重视对国家的革命与建设起举足轻重作用的军人道德人格和党员道德人格的教育和培养。他认为革命军人道德人格的养成,在于智、仁、勇三者的结合。什么是"智"? 就是"别是非,明利害,识时势"。革命军人的职责在于保护人民、保护国家。什么是"仁"? 就是为了人民和国家的利益去奋斗,不惜牺牲生命,"其生也为革命生,其死也为革命死"(《军人精神教育》)。什么是"勇"? 就是具备英勇杀敌的气魄,不怕杀身成仁,"替主义去牺牲"。对于党员人格的养成,孙中山认为关键是教育党员"能养蓄政党应有之智能道德""谋以国家进步,国民幸福"。他指出,民国建立之后,许多国民党员,总是想做大官,"加入本党的目的都是在做官,所以党员的人格便非常卑劣,本党的分子便非常复杂"。他提出要"修明党德",把贪图升官发财的党员淘汰出去,恢复执政党的"替众人服务"的精神,健全广大党员官员的道德人格,革命事业"才可望蒸蒸日上,不致失败"(以上均见《在广州中国国民党恳亲大会的演说》)。

　　一切道德教育的目的在于养成人们高尚的人格。孙中山在国民道德建设上,重视倡导以积极向上的道德观念来改良国民的人格,具有积极的意义。他提出以改良国民的道德人格来救国,与以往资产阶级改良主义思想家的"道德救国"论是根本不同的。他始终重视人民革命斗争和"物质文明"建设在社会变革和历史发展中的根本作用，又重视"心性文明"和道德人格建设在一个国家、民族发展中的重要作用，主张以"天下为公""替众人服务"和为国家、民族利益奋斗的高尚思想重铸人民大众的道德人格。这对于中华民族优秀道德精神的高扬和民族振兴，有着重要的历史进步作用。

第十九章

蔡元培的"公民道德"观和道德教育思想

蔡元培是我国清末民初重要的资产阶级民主主义革命思想家和教育家。他青年时期曾是清朝光绪年间的进士,翰林院编修,后受到西方资产阶级民主思想的影响,不满清王朝的腐败统治,毅然投入反清反封建的革命斗争中。他先后创建中国教育会,组织光复会,加入同盟会,积极从事革命活动,研究和宣传民主主义的政治、伦理思想,提出了以西方资产阶级道德思想与中国传统道德思想相融合的反映当时时代进步需要的"公民道德"观,对我国传统道德观念的更新与进步,产生了重要的影响。蔡元培先生长期从事教育工作,担任孙中山先生领导的中华民国临时政府教育总长,后任北京大学校长长达十多年。他反对一味尊孔读经,倡导德、智、体、美"四育"并重,提出了一系列资产阶级民主主义道德教育思想,为我国旧民主主义道德教育奠定了基础。

一　蔡元培的"公民道德"观

　　蔡元培学贯中西,他不仅是我国近现代史上较早把中国传统伦理道德思想与西方资产阶级伦理道德思想进行深入比较研究的学者,而且是较早结合中国的国情,提出资产阶级民主主义"公民道德"观念的思想家。他撰写了我国第一部《中国伦理学史》,首次翻译了包尔生的《伦理学原理》,在自己的大量著述中,多次阐述了自己的"公民道德"思想。蔡元培的"公民道德"观十分丰富,其中最有价值、也最有影响的是他的"公民道德纲领"和"劳工神圣"思想。

1. 公民道德纲领——自由、平等、博爱

在孙中山先生领导的资产阶级辛亥革命推翻清王朝的封建专制统治之后,民国共和建设面临百废待兴的重大任务。蔡元培认为,要建设一个资产阶级的民主共和国,首先要批判封建主义旧道德,吸取中国传统道德的精华,发扬民主主义新道德,培养民众具有公民道德。他说:"且今专制推翻,民国成立,凡百设施,首重培养固有道德,振兴民族精神。"(《整理国乐案》)蔡元培认为,培养民众具有民主主义精神的公民道德,不仅是"振兴民族精神"所必需,而且是走"强兵富国"道路的国民精神保障。如果没有新的公民道德,"振兴民族""强兵富国"只是一种空话。他尖锐地指出:"顾兵可强也,然或溢而为私斗,为侵略,则奈何? 国可富也,然或不免知欺愚,强欺弱,而演贫富悬绝,资本家与劳动家血战之惨剧,则奈何? 曰教之以公民道德。"(《对于教育方针之意见》)就是说,只有提倡公民道德,才能教导人们克服"为私斗""为侵略"的痼疾,防止"知欺愚""强欺弱"的人际关系恶习,避免社会"贫富悬绝""资本家与劳动家血战"的惨剧,造就新的道德关系。

什么是"公民道德"? 蔡元培认为,公民道德的要旨或纲领,就是西方资产阶级道德的基本原则——自由、平等、博爱(亲爱)。他说:"何谓公民道德? 曰法兰西之革命也,所标揭者,曰自由、平等、博爱。道德之要旨,尽于是矣。"(《对于教育方针之意见》)蔡元培从反封建的民主革命立场出发,"对于公民道德的纲领,揭法国革命时代所标举的自由、平等、友爱三项用古义证明"(《我在教育界的经验》)。他把"自由"比附于中国儒家的"义"。他说:"孔子曰,

匹夫不可夺志。孟子曰,大丈夫者,富贵不能淫,贫贱不能移,威武
不能屈。自由之谓也。古者盖谓之义。"他把"平等"比附于中国儒
家的"恕"。他说:"孔子曰,己所不欲,勿施于人。子贡曰,我不欲
人之加诸我也,吾亦欲毋加诸人。礼大学记曰,所恶于前,毋以先
后;所恶于后,毋以从前;所恶于右,毋以交于左;所恶于左,毋以交
于右。平等之谓也。古者盖谓之恕。"他把"亲爱"("博爱")比附于
中国儒家的"仁"。他说:"孟子曰,鳏寡孤独,天下之穷民而无告者
也。张子曰,凡天下疲癃残疾茕独鳏寡,皆吾兄弟之颠连而无告者
也。禹思天下有溺者,由己溺之。稷思天下有饥者,由己饥之。伊
尹思天下之人,匹夫匹妇有不与被尧舜之泽者,若己推而纳之沟
中。孔子曰,己欲立而立人,己欲达而达人。亲爱之谓也。古者盖
谓之仁。"(以上均见《对于教育方针之意见》)

在这里,蔡元培把自由、平等、博爱等资产阶级的道德原则作
为"公民道德的纲领",并从继承我国优秀道德传统的观点出发,创
造性地把"自由"看作是"富贵不能淫,贫贱不能移,威武不能屈"的
"义";把"平等"看作是"己所不欲,勿施于人"的"恕";把"博爱"看
作是"己欲立而立人,己欲达而达人"的"仁",以谋取"最大多数之
最大幸福为鹄的","进而达礼运之所谓大道为公,社会主义家所谓
未来之黄金时代,人各尽其所能,而各得其所需要"(《对于教育方
针之意见》)的社会理想。尽管蔡元培的简单比附有着某些缺陷,
自由、平等、博爱与中国儒家的义、恕、仁的思想实质与含义并不完
全相同,但他把中国传统道德的合理因素充实到公民道德纲领之
中,并作了合乎资产阶级革命要求的思想解释,从而使西方资产阶
级的道德精神中国化,在中国传统的道德心理中找到适当的思想
伸张点,十分有利于公民道德的传播。

应当看到,蔡元培明确地把自由、平等、博爱等资产阶级的道德原则作为公民道德的纲领,在当时有着重要的反封建主义的进步意义。封建专制主义的最大特点是扼杀人民群众的个性自由、人格尊严、人的价值,不把人当人。在封建专制统治下,民众只是封建统治阶级的剥削、压迫的对象,维护封建特权的工具。封建主义的人伦道德关系,严重阻碍着中国资本主义生产关系的发展和全社会的文明进步。蔡元培高举自由、平等、博爱的伦理旗帜,把它们作为公民道德的核心道德观念,有力地促进了当时代表人类文明进步思潮的资产阶级道德观念在中国的传播。这对于中国人民摆脱封建主义旧道德,建设民主主义的新道德,有着重要的历史作用。当然,蔡元培作为资产阶级民主主义的进步思想家,不可能摆脱其历史的局限。他力图在资本主义生产关系基础之上,依靠体现自由、平等、博爱精神的公民道德来谋求"最大多数人之最大幸福",在实践中只是一种美好的幻想。但是,他提出的公民道德纲领,表现了我国新兴资产阶级对于新型道德人格的追求,在我国五四新文化运动中起了伦理启蒙作用。

2.“劳工神圣”说

蔡元培作为一个资产阶级民主主义的进步思想家,始终不渝地追随世界历史潮流的步伐。1918 年 11 月,第一次世界大战以协约国战胜德国而宣告结束,蔡元培的民主主义道德思想为之大受鼓舞。他认为,这必然使今后"黑暗的强权论消灭,光明的互助论发展”“阴谋派消灭,正义派发展”“武断主义消灭,平民主义发展”“黑暗的种族偏见消灭,大同主义发展",互助、正义、平等、大同是人类道德发展的大趋势,"世界的大势已到这个程度,我们不能逃在这个世界之外,自然随大势而趋了"(《黑暗与光明的消长》)。

蔡元培从当时在法国的十五万华工直接加入协约国的英勇战斗，为中国赢得参战国的胜利的事实中，他进一步看到了广大劳动者在世界历史发展中的巨大促进作用和崇高价值。在北京天安门举行庆祝协约国胜利大会上的题为《劳工神圣》的著名演说中，他喊出了"劳工神圣"的重要道德口号，举起了"劳工神圣"的崭新道德旗帜。

什么是"劳工"？蔡元培指出"我说的劳工，不但是金工、木工等等，凡是用自己的劳力作成有益他人的事业，不管他是用体力，是脑力，都是劳工。所以农是种植的工、商是转运的工，学校职员、著述家、发明家，是教育的工，我们都是劳工"（《劳工神圣》）。他把"用自己的劳力作成有益他人的事业"称之为"劳工"。"劳工"既包括体力劳动者，又包括脑力劳动者，是十分有见地的。蔡元培疾呼："此后的世界，全是劳工的世界呵""我们要自己认识劳工的价值。劳工神圣！"（《劳工神圣》）他把千百年来受尽剥削、压迫、欺凌，处于社会最底层的劳动人民，提高到社会主体的神圣地位，呼吁人们"认识劳工的价值"，把劳动者作为社会的主人，显示了全新的道德价值观。

在蔡元培看来，唯有用自己的劳力来做出有益于他人和社会的劳工才是神圣的、光荣的，只有神圣的劳工才是社会的建设者和创造者。他愤怒抨击那些不劳而获的纨绔子弟、卖国求荣的官僚、祸国殃民的军阀、巧取豪夺的奸商、营私舞弊的政客等社会寄生虫的腐朽生活。他说："我们不要羡慕那凭借遗产的纨绔儿！不要羡慕那卖国营私的官吏！不要羡慕那克扣军饷的军官！不要羡慕那操纵票价的商人！不要羡慕那领干修的顾问咨议！不要羡慕那出售选举票的议员！他们虽然奢侈点，但是良心不及我们的平安多了。我们要认清我们的价值。劳工神圣!"(《劳工神圣》)蔡元培以挚爱劳动、敬重劳动者的新型道德价值观,号召人们认识劳工的价值,提倡"劳工神圣",是对剥削阶级好逸恶劳、贪图私欲、损人利己旧道德的最有力的批判。

蔡元培认为,"劳工神圣"的道德观念,应当是新生活观的重要内容。他说:"要是有一个人肯日日作工,日日求学,便是一个新生活的人;有一个团体里的人,都是日日作工,日日求学,便是一个新生活的团体;全世界的人都是日日作工,日日求学,那就是新生活的世界了。"(《我的新生活观》)他认为,在新生活的世界里,应是人人"养成劳动习惯",消除一切"不劳而获之机会",并且"使劳心者亦出其力以分工农之劳;于是劳力者得减少其工作之时间,而亦有劳心之机会。关于生产之农工业,人人皆须致力;关于科学美术之文化,亦人人皆得领略"(《〈大学院公报〉发刊词》)。"劳工神圣"思想是蔡元培民主主义道德理想的集中体现。在我国现代革命斗争中,"劳工神圣"成为广大工农群众奋起反抗封建地主和资本家的剥削压迫,重视自身的价值,争取自身解放的重要战斗口号,对我国人民的道德进步起到了极其重要的催化作用。

二 蔡元培的"公民道德"教育思想

为了培养大批具有资产阶级民主主义公民道德品质的"革新之人才",蔡元培十分重视公民道德教育,把加强社会与学校的道德教育,看作是培养社会所需要的理想人格的根本措施。他认为,公民道德教育的基本内容是"自由、平等、博爱三大义",因为"三者诚一切道德之根源,而公民道德教育之所有事者也"(《对教育方针之意见》)。在蔡元培丰富的公民道德教育思想中,在他强调的德、智、体、美教育中,以德育为本,培养"完全人格",以及坚持真、善、美统一,以"美育助德育"的思想最令人瞩目。

1. 德育实为完全人格之本

蔡元培把学校教育分为"军国民教育"(体育)、"实利教育"(智育)、"公民道德教育"(德育)、"美育"和"世界观教育"五个方面,认为一切教育均须"以公民道德为中坚"(《中国教育之前途与教育家之自觉》)。军国民教育和实利教育"必以道德为根本"。在蔡元培看来,全部教育的目的,"在养成完全之人格,盖国民而无完全人格,欲国家之隆盛,非但不可得,且有衰亡之虑焉"(《爱国要培养完全的人格》)。因此,"德育实为完全人格之本,若无德,则虽体魄智力发达,适足助其为恶,无益也"(《在爱国女学校之演说》)。加强道德教育,完善人的道德人格,不仅是整个学校教育的根本目的,而且是一个国家兴衰成败的关键。道德教育要教导人们克除人的自私自利的恶习,养成"利群""尚公""爱国"的高尚品行,以"造成理想的国民,以建立理想的国家"(《爱国学社之建设》)。

道德教育如何培养人的"完全人格"?蔡元培认为,首先,要倡导人们"砥砺德行",人人养成良好"私德"。民国初年,由于几千年封建专制造成的颓俗积弊,社会政治腐败、道德沦丧。蔡元培看到许多军阀权贵虽然易帜宣布拥护"革命",但假公济私旧习不改。一些参加辛亥革命的人士,一旦权柄在握,也是嫖娼纳妾,营私舞弊,只贪图个人纵情享受,置民众和国家利益而不顾。由于社会上层一些党政人员的"私德不修"、品质败坏,已严重影响到资产阶级革命的前途。因此,蔡元培认为,要挽救革命,振兴民族,必须倡导人们"砥砺德行""品行不可以不谨严"。他率先与李石曾、吴稚晖等人在上海发起"进德会",提倡社会各界人士讲道德,改陋习、树新风,号召人们养成良好的私德。1917年蔡元培到北京大学任校长,在就职演说中勉励学生:一是"抱定宗旨""宗旨不可以不正大",二是"砥砺德行""品行不可以不正大",三是"敬爱师友""不惟开诚布公,更宜道义相勖"(《任北京大学校长之演说》)。1918年,他在北大教员中组织"进德会",以不嫖、不赌、不纳妾作为入会的基本条件。他号召人们在道德败坏的"昏浊之世",敢于"与敝俗奋斗""风雨如晦,鸡鸣不已",以"踽踽独行"的独立人格、"众浊独清""集同志以矫末俗",发扬高洁向上的品格。在蔡元培看来,"私德"是高尚人格的基础,也是全社会道德建设的基础。因此,培养人的"完全人格",应从"私德"抓起。

其次,要倡导人们发扬"爱国""利群"和"人道主义"精神,形成自觉"尚公德"的品性。蔡元培认为,为了培养人的"完全人格",应教育人们在养成良好"私德"的基础上,发扬以"自由、平等、博爱"精神为基础的社会公德。1912年他与宋教仁等爱国人士发起组织"社会改良会",发表宣言,要求人们"尚公德,尊人权,贵贱平等而无所谓骄谄,意志自由而无所谓侥幸。不以法律所不及而自恣,不以势力所能达而妄行"(《民主报》1912年3月29日)。在各种公德教育中,蔡元培特别重视"爱国思想"教育、"舍己利群"的公民义务教育和"人道主义"教育。他把培养青年的爱国心,看成是培养完全人格的重要内容。他认为,学校开展的道德教育,"其教导重心在于灌输爱国思想"(《任北京大学校长之演说》)。国民养成高尚的人格,使国家兴盛,才是真爱国。爱国精神与一个人的正确义务感是联系在一起的。他指出"人类之义务,为群伦不为小己"(《世界观与人生观》),号召人们发扬古人所讲的"摩顶放踵以利天下""不以天下之病而利一人""禹治洪水十年不窥其家"的"舍己为群"（《对于教育方针之意见》），为天下国家勇于自我牺牲的精神。只有爱国、利群的人生，才有"真正之价值"（《民主报》1912 年 3 月29 日）。

同时，蔡元培把开展"纯粹人道主义"教育，与倡导"互助之义务""以天下为一家，中国为一人"的精神统一起来，把人道主义精神作为培养国民公德的重要内容。他把近代西方的"纯粹人道主义"与中国古代的儒家思想结合起来，积极宣传人道精神。他说，在中国，"虽自昔有闭关之号，然教育界之所传诵，则无非人道主义"。他列举种种儒家古训，如孔子尝告子游曰："大道行也，天下为公，选贤与能（与者举也），讲信修睦。故人不独亲其亲，不独子其子，使老有所终，壮有所用，幼有所长，鳏寡孤独废疾者皆有所养，男有分，女有归，货恶其弃于地也，不必藏于己；力恶其不出于己也，不必为己。是故谋闭而不兴，盗窃乱贼而不作，故外户而不闭，无谓大同。"又曰："圣人以天下为一家，中国为一人。"他说："其他如子夏言'四海之内皆兄弟'，张横渠言'民吾同胞'，尤与法人所倡之博爱主义相合。是中国以人道为教育，亦与法国如同志也。"（《华法教育会之意趣》）蔡元培重视人道主义教育，把尊重人、同情人、关心人、帮助人的人道精神作为改造国民性，培养完全人格的重要内容，并把它作为国民公德的重要组成部分，在当时具有重要的道德进步意义。

最早由资产阶级进步思想家提出的人道主义作为一种道德原则，其基本道德要求在于号召人们反对封建专制主义和封建神学对人的价值的轻视与践踏，尊重人的价值与尊严；反对封建制度下人与人的等级观念和尊卑贵贱关系，人与人平等相待；反对极端利己主义和对他人疾苦的麻木不仁,以同情人、关心人、帮助弱者为美德。蔡元培把人道主义精神与中国传统的"仁爱"精神统一起来,把它提高到"以天下为一家,中国为一人"的高度,对人道主义精神在中国的传播起了极其重要的促进作用。蔡元培把人道主义精神作为"完全人格"的重要因素,是对我国道德教育思想的重要贡献。

再次,发展道德"个性",重视道德实践。蔡元培认为,教师要培养学生的"完全人格",在道德教育中应当十分重视尊重学生的个性,并鼓励学生积极从事道德实践。通过道德教育培养学生的"完全人格",决不是否认或忽视学生的个性,而是在"知道个个学生的个性"的前提下,培养学生的"自治能力"和"自动的精神",让每个学生"有发展个性的自由"。他说:"知教育者,与其守成法,毋宁尚自然;与其求划一,毋宁展个性。"(《新教育与旧教育的歧点》)蔡元培在这里强调的"尚自然",是指尊重学生的自然天性,启发其道德自觉精神;"展个性",是指承认学生"有发展个性的自由"(《在爱丁堡中国学生会及学术研究会欢迎会演说词》),根据学生的不同特点,发展每个人独特的道德个性。道德教育不是强迫学生接受一模一样的道德戒律或要求,把学生培养成为死守陈规、缺乏自觉意识的人,而是通过道德熏养,掌握道德真义,在自己的道德实践中自觉履行。他说:"什么叫道德,并不是由前人已造成的路走去的意义,乃是在不论何时何地,照此做法,大家都能适宜的一种举措标准。是以万事的条件不同,原理则一""若是某种旧道德成立的缘故,现在已经没有了,也不妨把他改去,不必去死守他"(《普通教育和职业教育》)。可见,蔡元培要求教师在尊重学生个性的基础上,发展学生的道德个性,是要养成学生自由自觉的道德人格,做一个有独立道德判断力和选择能力的人。

蔡元培认为,要发展道德个性,养成"完全人格",必须重视道德践行。光说不做、空谈道德,或者口是心非,言行不一,绝不能培养出高尚的德性。他强调指出:"道德不是记熟几句格言,就可以了事的,要重在实行。"(《普通教育和职业教育》)蔡元培在北大任校长期间,鼓励学生在实践中砥砺德行,行为严谨,支持学生参加学生互助组织和平民讲演团等各种互助、公益活动,同情和支持学生的反帝反封建的爱国斗争,对北京大学广大学生新型道德人格的养成起了很大的促进作用。北大成为我国五四新文化运动的重要基地,与蔡元培的进步道德教育思想有直接的关系。

值得我们敬佩的是,蔡元培先生自身是重视道德实行,完善自我人格的杰出典范。他一生学明德尊、行为端严、勤俭朴素、爱国爱民、人格高尚,深为世人敬仰。清朝末年,他为救济南洋罢学的学生创办爱国学社,为全体师生解决断炊之危,不顾儿子病危,挥泪亲去南京商借钱款;民国之初,他任教育总长,生活俭朴,自洗衣服,平易近人,如同平民;"五四"爱国革命斗争爆发以后,他为营救被反动当局迫害的学生和进步人士不遗余力、大义凛然。毛泽东称赞蔡元培为"学界泰斗,人世楷模",反映了国人对他高尚人格的崇高敬意和高度评价。

2. 以美育助德育

蔡元培在完全人格的培养上,十分重视真、善、美的统一,以善为主,真与美为辅。他说:"无论何人,总不能不有是非、善恶、美丑之批评,这因心理上有知意情的三作用,以真善美为目的。三者之中,以善为主,真与美为辅,因而人是由意志成立的。"(《真、善、美》)这种思想具体反映到学校教育上,是十分重视德育、智育、体育、美育的统一,强调以德育为中心,智育与美育辅助德育。蔡元培指出:"人生不外乎意志;人与人互相关系,莫大乎行为;故教育之目的,在使人人有适当之行为,即以德育为中心也。顾欲求行为之适当,必有两方面之准备:一方面,计较利害,考察因果,以冷静之头脑判定之;凡保身为国之德,属于此类,赖智育之助者也。另一方面,不顾祸福,不计生死,以热烈之感情奔赴之;凡与人同乐、舍己为群之德,属此类,赖美育之助者也。所以美育者,与智育相辅而行,以图德育之完成者也。"(《美育》)他主张积极汲取我国古代"礼乐并重"的合理思想,重视美育在陶冶人的心情、培养人的适当行为上的有益作用,明确提出美育应"与智育相辅而行,以图德育之完成"(《美育》)的思想,是很有创见的。

为什么美育能辅助德育,完善人的道德品行呢?蔡元培认为,这是因为以美为对象,能起到陶养人的感情的作用,而一切"伟大而高尚的行为,是完全发动于感情的"(《美育与人生》)。美的对象,何以能陶养感情?因为它有两种特性:一是普遍,二是超脱。与物质生活中"助长人我的区别、自私自利的计较"不同,美的特性在于供人人分享。名山大川,人人得而游览;夕阳明月,人人得而赏玩;公园的景象,美术馆的图画,人人得而畅见。"独乐乐不若与人乐乐""与少乐乐不若与众乐乐",这都是美的普遍性的证明。"美以普遍性之故,不会有人我之关系,遂亦不能有利害之关系",因此,"纯粹之美育,所以陶养吾人之感情,使有高尚纯洁之习惯,而使人我之见,利己损人之思念,以渐消沮者也"(《以美育代宗教说》)。美不仅有普遍性,而且有超脱性。美的作用是超越利用的范围。"当读画吟诗、搜奇探幽之际,在心头每每感到一种莫可名言的恬适。即此境界,平日那种是非利害的念头,人我差别的执着,都

一概泯灭了。心中只有一片光明,一片天机。"(《〈美学原理〉序》)

蔡元培认为,通过美育陶养人的感情,使人认识利益的普遍性和超脱性,有利于使人们树立"以众人的生及众人的利为目的"的进步的人生价值观。他说:"既有普遍性以打破人我的成见,又有超脱性以透出利害的关系;所以当着重要关头,有'富贵不能淫,贫贱不能移,威武不能屈'的气概,甚且有'杀身以成仁'而不'求生以害仁'的勇敢。这种是完全不由于知识的计较,而由于感情的陶养,就是不源于智育,而源于美育。"(《美育与人生》)他认为"爱美是人类性能中固有的要求",美育即是"能够将这种爱美之心因势而利导之,小之可以怡性悦情,进德养身,大之可以治国平天下"(《〈美学原理〉序》)。

在中国近代史上,蔡元培是较早重视美育的作用,并从真、善、美统一的思想出发,认真探讨以美育助德育,通过审美教育,提高人的思想道德情操的具体规律的著名思想家和教育家。他把美的普遍性、超脱性与美德重视社会利益的普遍性与利他性联系起来,从理论和实践上,探寻以美求善,以美育辅助德育的现实途径,为我国现代道德教育开创了新天地。尽管蔡元培的理论中有时把人的情感趋向与价值取向直接等同起来,存在着某些过分夸大美育作用的倾向。但是,他较深刻地揭示了美育与德育之间存在的内在联系,为培养人的全面发展指出了一条重要的门径。

余 论

中国传统道德智慧的现代启示

一个没有自己独特文化精神的国家,是难以在世界民族之林长久屹立的;一个没有自己独特道德精神的民族,会是一个丧失民族灵魂和内驱力的民族。中华民族优良的道德传统,是中国人民21世纪最可宝贵的民族精神的一部分。环顾当今之中国,随着中国现代化所需要的中外经济文化的频繁交流,外来道德文化对中国人,特别是青年一代的影响日盛,西风东渐、唯洋是好一时成为不少人的时髦。中西道德文化有着各自的优点和特点。我们既不能盲目排外,搞国粹主义,也不能唯洋是从,在倾慕欧风美雨中丢失中国道德文明中最有价值的东西。在道德建设方面,我们要大胆吸收和借鉴全人类创造的一切有益的文明成果,又要特别重视继承和弘扬中华民族的优秀道德精神,发掘中国传统道德智慧的现代价值。

纵览从孔子到孙中山、蔡元培等历史上对我国传统伦理道德思想的形成和发展起着重要作用的一些著名思想家、教育家的道德理论,只要我们用历史唯物主义的态度加以分析,不能不感悟到其中蕴含的许多有益的道德智慧,至今仍有着不可低估的重要思想价值。从我国传统道德智慧中吸取合理的因素,对于我们在走向现代化的整个进程中,加强社会主义道德建设,弘扬中华民族的优良道德传统,振奋民族精神,不断提高人民群众的道德素质,改善社会道德风尚,都有着重要的意义。

在中华民族几千年历史上形成和发展起来的中国传统道德思

想,内容丰富,多姿多彩,良莠并存。其中,既有反映中华民族道德上的文明进步,体现全人类道德观念日渐开明的具有长久思想价值的道德智慧,又有受到一定的历史的、阶级的、社会的局限的道德旧识。因此,为了科学地从中国传统道德理论中汲取有益的道德智慧,我们应以历史唯物主义的理论为指导,从有利于建设中国特色的社会主义新道德的目的出发,对中国传统道德理论进行梳理,坚持毛泽东提出的批判继承的正确方针。毛泽东说:"清理古代文化的发展过程,剔除其封建性的糟粕,吸收其民主性的精华,是发展民族新文化、提高民族自信心的必要条件,但是决不能无批判地兼收并蓄",对于历史文化遗产,都不能生吞活剥地、毫无批判地吸收,应该"如同我们对于食物一样,必须经过自己的口腔咀嚼和肠胃运动,送进唾液胃液肠液,把它分解为精华和糟粕两部分,然后排泄其糟粕,吸收其精华,才能对我们的身体有益"。[①] 对于中国传统道德理论,我们应当弘扬精华,除弃糟粕,古为今用,分析加工,善于创新,使之成为当代中国社会所需要的、具有新的时代特征的道德精神。

从总体上说,中国传统道德智慧可以大致分为道德价值智慧和道德教育智慧两个方面。我们认为,在道德价值智慧方面,最值得我们在建立社会主义市场经济,"面向世界、面向未来、面向现代化"的历史进程中发扬光大的基本道德精神有以下几方面:

其一,重视整体精神,强调为社会、为民族、为国家而奋斗的爱国主义思想。源远流长的中国传统道德思想,始终贯穿着一种可以称为"公忠"的道德精神。从《诗经》提出的"夙夜在公",《尚书·

---

① 《毛泽东选集》第二卷,人民出版社1966年版,第707页。

周官》提出的"以公灭私民其允怀",直到王夫之的"以身任天下"、孙中山的"天下为公""替众人服务",都奔涌着一种为整体而献身的精神。宋明理学家所倡导的"义利之辨"和"理欲之辨",在剔除其为封建国家服务,抹杀个人正当利益的消极因素以后,也可以看到其中渗透着一种为国家、为民族的公利而自觉牺牲个人私利的强烈道德要求。① 正是在重视整体精神的影响下,出现了"先天下之忧而忧,后天下之乐而乐""天下兴亡,匹夫有责"的为国家、为民族、为整体的利益不息奋斗的崇高爱国主义精神。中华民族在自己的五千年文明史上,之所以能历经磨难,长兴不衰,具有强烈的民族凝聚力和坚韧不拔的民族伟力,就是因为我们民族有着这种"廓然大公",爱国、爱民的崇高道德精神。

正是这种重视整体利益,把国家、民族利益放在首要位置的根本道德价值取向,中国传统道德在个人与他人、社会、群体的关系问题上,始终强调"舍己从人""先人后己""舍己为群"。在"义"与"利"的关系上,把代表整体利益的"义",放在代表个人利益的"利"之上,强调"义以为上""先义后利""义然后取",主张"见得思义""见利思义",反对"见利忘义"。尽管董仲舒和宋明理学对先秦儒家的"义利之辨"进行歪曲,主张"重义轻利""贵义贱利",但其基本精神是主张在个人利益与整体利益发生矛盾、冲突时,应以义为重,以国家、民族之大义为先,牺牲个人的私利。中国传统道德中的"重义轻利",重道义轻利益的倾向应当克服,但重视国家、民族的整体利益、重视道德信念的独特的内在道德精神,应当积极地继承和发扬。

---

① 参见罗国杰:《弘扬中华民族优良道德传统,加强社会主义精神文明建设》,载《当代思潮》1994年第4期。

今天,要把中国建设成为一个富强、民主、文明、和谐、美丽的社会主义现代化强国,我们只有在全民族中发扬"天下兴亡,匹夫有责"的崇高爱国主义精神,倡导重视整体利益,把国家、民族的繁荣进步,社会的发展和人民的幸福放在个人利益、个人享受之上,才能提高民族的自尊心和自信心,增强民族的向心力和凝聚力。只有发扬重视整体利益的道德精神,发挥道义的巨大力量,才能帮助人们克服斤斤计较个人私利、见利忘义、"一切向钱看"的现象,自觉关心他人、集体、国家的利益,鼓励人们"先富"带"后富","先发展"带"后发展",最终走"共同富裕"的民族振兴之路。

其二,推崇仁爱原则,强调建立"厚德载物"的和谐人际关系。在中国传统道德中,以儒家为代表的仁爱思想是一种协调人际关系的具有积极意义的重要道德精神。仁爱既是一种人际关系的道德准则,又是建立和谐的人际关系的重要智慧。"仁者爱人""爱人者人恒爱之",要建立和谐的人际关系,在人与人的交往中,应当做到"己所不欲,勿施于人""己欲立而立人,己欲达而达人"。不仅如此,还应当做到恭、宽、信、敏、惠。我们知道,所谓道德,即在考虑自身利益的同时,考虑到他人与集体的利益,而中国传统的仁爱思想,即是要求人们替别人着想,同情人、敬重人、相信人、关心人、帮助人,待人以诚,施人以惠,这是一种十分可贵的道德精神。尽管在存在阶级剥削的情况下,普遍的"人类之爱"只是一种美好的幻想,但是人类的仁爱精神作为一种积极的、健康的道德信念,在人类社会文明进步的历史长河中,起着协调人际关系、维系社会稳定的积极作用。

仁爱精神,是一种具有普遍意义的人道精神。中国传统的"仁爱",与"人对人是狼""他人是地狱"的西方利己主义思潮是根本对立的。它要求人们在社会生活中互助、互爱,和谐共处。仁爱是与人类的文明进步紧密联系在一起的。在我们现代生活中,人际之间的利益矛盾、经济竞争、贫富差距,会不可避免地引起人与人之间关系的紧张。只有在社会生活中积极发扬中国传统的仁爱精神,倡导"仁者爱人""厚德载物""民胞物与"的品德,才有益于创造现代生活需要的同情弱者、公平竞争、帮穷济困、"我为人人,人人为我"的和谐友爱的新型人际关系。

其三,提倡人伦价值,强调尊老爱幼、孝敬父母等美德。中国传统道德历来十分重视人伦关系的道德价值,强调每个人在人伦关系中的应有道德义务。从《尚书》中提出的"五教",即父义、母慈、兄友、弟恭、子孝,到孟子提出的"五伦",即父子有亲、君臣有义、夫妇有别、长幼有序,朋友有信,再到《礼记·礼运》中所讲的"十义",即父慈、子孝、兄良、弟悌、夫义、妇贞、长惠、幼顺、君仁、臣忠,都从不同的人与人之间的关系角度,规定了每个人为维护良好的人伦关系应当遵守的基本道德准则。传统人伦关系中的维护封建等级关系的糟粕无疑应当批判和剔除,但其中包含的有益因素,如能赋予符合时代要求的新含义,对于改善家庭与社会的人伦关系,维护良好的社会秩序,仍有不可忽视的重要作用。

中国传统的人伦道德思想强调个人在不同的关系中应遵守相应的道德义务,对于营造良好的人际关系、维持社会的稳定是有积极意义的。儒家特别重视家庭伦理关系的和谐有序。"孝"被认为是一切道德的根本。孔子认为,对父母不但要养,而且要敬。他说:"今之孝者,是谓能养,至于犬马,皆能有养,不敬,何以别乎?"(《论语·为政》)因此,"孝"就是"善事父母"。同样,父母也应慈爱和教育子女,关心下一代的成长。尊老爱幼、孝敬父母是中国人的传统美德。在现代家庭与社会人伦关系中,我们应当大力倡导敬老爱幼、孝敬父母、夫妇有情、朋友有信等美德,使中国传统道德中一切有价值的人伦道德精神在新时代得以发扬。

其四,追求高尚的精神境界,向往理想道德人格。中国传统道德中有一种非常可贵的道德精神,那就是主张人们在满足基本物质需要的情况下,追求崇高的精神境界,把"富贵不能淫,贫贱不能移,威武不能屈"的"大丈夫"和爱国爱民、无私奉献、舍生取义的"君子"作为一切有道德进取心的人们的理想道德人格。不论是"天下有道,以道殉身;天下无道,以身殉道"的执着道德精神,还是"为天地立心,为生民立命,为往圣继绝学,为万世开太平"的高尚道德理想,其核心思想,都是要求人们超越个人的私利、私欲,以国家、民族和人民的正义事业作为个人行为的最高准绳。孟子提出的"居天下之广居,立天下之正位,行天下之大道;得志,与民由之;不得志,独行其道"(《孟子·滕文公下》),历来为仁人志士所推崇。

中国传统道德中这种鼓励人们追求高尚的精神境界,向往理想道德人格的思想,在我们今天的社会主义道德建设中,仍然有重要的借鉴意义。我们在从传统走向现代的社会转型过程中,有些人视道德精神为草芥,物欲横流,在"一切向钱看"的风气中成为利欲熏心、毫无人格国格的势利小人。理想道德人格是国民道德的一面镜子。一个国家民众普遍的道德精神面貌,直接决定一个国家的今天和明天。中国的现代化事业和精神文明建设,正呼唤我们在继承中国传统道德精神宝贵遗产的基础上,在现实社会生活中提高民众的社会主义道德精神境界,重新确立新型的具有现代思想特征的理想道德人格。

我们认为,中国传统道德在道德教育智慧方面的现代启示,最

为重要的有以下几个方面:

其一,"德治"与"法治"统一。中国传统道德教育思想历来既重视"德治"功能,即通过对民众广泛的道德教育,提高每一个社会成员的道德自觉,以"道德自律"精神规范人们的行为,来调节人际利益;又重视"法治"功能,即通过国家的刑法,以强制力量规范人们的行为,维护社会秩序的稳定,两者相辅相成。孔子说:"道之以政,齐之以刑,民免而无耻;道之以德,齐之以礼,有耻且格。"(《论语·为政》)荀子说:"不教而诛,则刑繁而邪不胜,教而不诛,则奸民不惩。"(《荀子·富国》)这都是很有道理的。当前我国正处于社会转型期,新的经济、政治、法律、道德规范正在逐步建立。要达到国家的长治久安,既要高度重视"德治",提高人们的主体道德觉悟,又要高度重视"法治"。一方面,"道德是人们内心的法",任何社会的法律,如果缺乏人们道德认知的支撑,不可能得以广泛的实施;另一方面,"法律是最低限度"的道德,任何社会的道德如果没有严明的法律作最后支持,不可能得以普遍的遵守。

其二,"德教"与"修身"统一。中国传统道德教育思想强调"德教"的目的是启发人们的道德自觉,重视个人的"修身",完善个人品格。而所谓"修身",不仅重视个人的"正心""诚意",而且非常重视"知道"以后"践履""躬行"。通过情、意、知、行,达到人格完善。这是非常重要的道德教育智慧。现代道德教育,无疑应当把启发人们的道德自觉、注重道德实践、提升个人品质放在首位。在我国改革开放的形势下,利益趋向多样,价值观呈现多元,错综复杂、纷繁多变的生活境况,对个人道德选择增加了困难,使提高个人道德自觉性显得更加重要。因此,我们应当积极吸取中国古代道德教育的智慧,坚决克服各种假、大、空的东西,注重以道德教育促进个人道德修养。社会道德文明的程度,是与个人道德自觉意识相一致的。道德教育的客观效果,应以推动个人道德品质的培养、升华为准绳。

其三,"言教"与"身教"统一。中国传统道德教育对教育者有一种一以贯之的要求,就是"言教"与"身教"一致。孔子说:"其身正,不令而行,其身不正,虽令不从。不能正其身,如正人何?"(《论语·子路》)孟子说:"教者必以正。"(《孟子·离娄上》)这都是强调道德的倡导者应当以身垂范、以身作则、为人师表,才能使民众和学生心悦诚服,这是道德教育基本而重要的要求。道德的倡导者如果言行不一,对人是一套,对己是一套,不仅不能使人信服,而且必然使道德虚伪之风流行,造成社会风气败坏、道德纲纪动摇,使道德教育徒有形式,走向反面。今天,我们要真正搞好社会主义道德建设,必须高度重视各级领导干部道德行为的表率作用。各级领导干部自身的道德示范,直接关系到思想道德教育的实际作用。广大民众从身边的一个领导干部或有影响的领导人物身上吸取的道德经验,远比接受一次道德教育所得的熏染深刻得多。领导干部先公后私、公而忘私,全心全意为人民服务的实际行动,以及高尚人格的魅力,是广大人民群众道德向上的促发力。反之,领导干部言行不一、口是心非、以权谋私、贪污腐败,则会对民众的道德心理产生严重的消极影响。因此,全社会的道德教育,应当从教育各级干部抓起,从各级干部的廉政建设、自我修养和全心全意为人民服务的行动抓起。我们全社会上上下下有一支言行一致、道德品行高尚的干部队伍,既弘扬中华民族的优良道德传统,又不断在改革开放的过程中总结全民道德教育的各种有益的经验,发扬社会正气,大力倡导社会主义新文明、新道德,我们中华民族一定能重铸道德精神,创造无愧于当今时代的新型道德风尚。

附　录

附录1 《大学》以"大学之道"为核心的道德观

　　《大学》原是《小戴礼记》中的一篇,后为宋人朱熹抽出,与《中庸》《论语》《孟子》合称为儒家经典"四书",并被列为"四书"之首。旧传是春秋曾子所作,近代许多学者认为是秦汉之际儒家思孟学派的著作,也有认为是出自荀子后学之手,如冯友兰。《大学》在中国伦理学史上占据十分重要的地位。唐代韩愈、李翱将《大学》视为与《孟子》《周易》同样重要的经书,北宋二程两兄弟"表章《大学》《中庸》二篇,与《语》《孟》并行"(《宋史·道学传·序论》)。南宋朱熹鉴于《大学》的重要地位,重新编定《大学》章次,作"经""传"之分,以为"经"是"孔子之言,而曾子述之";"传"是"曾子之意,而门人记之"。又补写"格物致知"章,尊崇《大学》是"为学纲目""修身治人底规模",并刊刻于"四书"。

　　《大学》开首第一段(即朱熹所谓的"经")写道:"大学之道,在明明德,在亲民,在止于至善。知止而后有定,定而后能静,静而后能安,安而后能虑,虑而后能得。物有本末,事有终始,知所先后,则近道矣。古之欲明明德于天下者,先治其国。欲治其国者,先齐其家。欲齐其家者,先修其身。欲修其身者,先正其心。欲正其心者,先诚其意。欲诚其意者,先致其知。致知在格物。物格而后知至,知至而后意诚。意诚而后心正,心正而后身修,身修而后家齐,家齐而后国治,国治而后天下平。自天子以至于庶人,壹是皆以修身为本。其本乱而末治者否矣。其所厚者薄,而其所薄者厚,未之有也。"(《大学》第一章)朱熹认为《大学》后面的内容(即"传")都是对这段话的解释。他还将明明德、亲民、止于至善概括为《大学》的"三纲领",将格物致知诚意正心修身齐家治国平天下概括为《大学》的"八条目"。

《大学》通过提出融道德与政治为一体的"大学之道",以其为核心,演绎出朱熹所概括的"三纲领""八条目"的道德观。

一 大 学 之 道

西汉经学家郑玄说:"大学者,以其记博学可以为政也。"郑玄用一"记"字将"大学"释为篇章名,只不过《大学》一文所记载或论述的是"博学可以为政"的道理。朱熹在《大学章句》中说:"大学者,大人之学也。"这里的"大学"可以有两种理解:一是指精深广博的知识和修养身心的高尚学问,即"大人"所要学习的内容;二是指"大人"读书求学的场所。《汉语大词典》(汉语大词典出版社1988年版)释"大学"为"太学",并引经据典:"天子命之教,然后为学,小学在公宫南之左,大学在郊。"(《礼记·王制》)"束发而就大学,学大艺,履大节也。"(《大戴礼记·保傅》)"古之王者莫不以教化为大务,立大学以教于国,设痒序以化于邑。"(《汉书·艺文志》)这里是把"大学"作为最高层次的中央官学,类似汉及汉以后的太学。这样,我们可知,对"大学"的理解大致来说有三种基本含义:一是文章篇名,二是精深广博的知识和修养身心的高尚学问,三是教育机构。由于在春秋战国后期,人们写文章,题目是要反映内容的,如诸子经典中的篇名均是文章的论题、论点,所以第一种含义把"大学"仅仅理解为文章篇名和第三种含义把"大学"仅仅理解为教育机构都是不能成立的。而第二种含义则比较符合先秦时期文章命名的规律,因此,笔者认为《大学》中"大学"具有十分丰富的含义,它既是指精深广博的知识,又是指能教导人成为道德上"大人"的修身养性的最高真理。

"道"在儒家经典中是一个被广泛使用的字。如《论语》中"道"字共出现 60 次,含义包括:"(1) 孔子的术语(44 次),有时指道德,有时指学术,有时指方法:本立而道生(1.2),吾道一以贯之(4.15),不以其道得之(4.5);(2) 合理的行为(2 次):三年无改于父之道(1.11);(3) 道路,路途(4 次):中道而废(6.12);(4) 技艺(1 次):虽小道必有可观者焉(19.4);(5) 动词,行走,做(1 次):君子道者三(14.28);(6) 动词,说(3 次):夫子自道也(14.28);(7) 动词,治理(3 次):道千乘之国(1.5);(8) 动词,诱导,引导(2 次):道之以政(2.3),道之斯行(19.25)。"①《古汉语常用字字典》(商务印书馆 1979 年版)对"道"的解释有 8 条,分别是(1) 路,引申义为途径、方法、措施;(2) 规律,道理;(3) 道家唯心主义哲学体系的核心,指先于物质而存在的精神性的东西,产生天地万物的总根源;(4) 主张,思想,学说;(5) 从,由;(6) 说,讲;(7) 引导;(8) 通。可见,古人使用的"道"字含义十分丰富。《大学》中"大学之道"的"道",用以上的含义来解释,很明显只能有四种说得通:(1) 合理的行为;(2) 途径、方法、措施;(3) 规律,道理;(4) 主张,思想,学说。其中途径、方法、措施较为契合。

综上,笔者认为《大学》中的"大学之道"是讲一个人如何获得精深广博的知识,如何寻找人生真理,成为道德上的"大人"的理论、门径和方法。中国社科院哲学研究所中国哲学史研究室认为《礼记》中的《大学》和《中庸》是儒家两篇重要的哲学论文,都讲"慎

---

① 杨伯峻译注:《论语译注》,中华书局 1980 年版,第 293—294 页。

独",强调"修身",都主张推己及人的"忠恕之道",都认为统治者的思想动机和个人的品德修养决定国家的政治因素,都特别重视"诚"的作用。[1] 这些提法显然和笔者的理解是一致的。

二　三　纲　领

如前文所述,"三纲领"是指明明德、亲民、止于至善。

"明明德"重在"明德"。第一个"明"是动词,是体悟的意思;第二个"明"是修饰"德"的。朱熹认为:"大学者,大人之学也。明,明之也。明德者,人之所得乎民,而虚灵不昧,以具众理而应万事者也。但为气禀所拘,人欲所敬,则有时而昏,然其本体之明,则有未尝息者。故学者当因其所发而遂明之,以复其初也。"从朱熹对"明德"的解释来看,一方面,"明德"是人本来所具有的,是"人之所得",是先验的,"虚灵不昧",是理解万事万物的心理状态,"具众理而应万事";另一方面,"明德"被个人气质或人的欲望所迷惑,"为气禀所拘""人欲所敬",这样,"明德"就会"有时而昏",必须通过学习、修为即"明"来"复其初",找回"明德"。朱熹还说:"康诰曰:'克明德'……帝典曰:'克明峻德'皆自明也。"(以上均见《大学章句》)这里的"自明"是强调《大学》中的"明明德",关键在于自我,由于人固有之天性易被欲望所迷惑,所以要自己来解放自己,这一过程被朱熹称作"自明"。"自明"就是要发挥个体主观能动性的作用,通过积极的学习,最终达到恢复自我本性的目的,别人是无法代替自己的,一切要靠自己。一句话,"明明德"就是要求个人通过自我努

---

[1]《中国哲学史资料选辑(先秦之部下册)》,中华书局1984年版,第1478—1479页。

力去恢复自我本性。

"三纲领"中的"亲民"之"亲"有两种解释：一种被理解为"爱"，"亲民"即"爱民"；另一种被理解为"新"，朱子认为"亲，当作新"。现在大多取第二种含义，认为作"新"解。那么，《大学》中的"亲民"应当如何理解呢？朱熹说："新者，革其旧之谓也。"意思是指"革新"，去旧俗而日新。因此朱熹在解释"作新民"时说："鼓之舞之之谓作，言振起其自新之民也。"（《大学章句》）也就是说，鼓舞民众的志气、振奋民众的精神称为"作新民"。显然，"亲民"是从政治角度来讲"大学之道"的。如果说"明明德"所注重的是对个体的一种道德要求，那么，"亲民"则涉及个体道德完善之后如何运用到群体的外用之道，正是由于有"亲民"这一纲领性的规定，才有"八条目"中治国、平天下的出现。

《大学》中"止于至善"的"止"，郑玄注："止犹自处也"（《大学章句》），朱熹说："止者，必至于是而不迁之意"，明显带有遵循某种道德准则、保持或致力于"至善"方面的道德追求和修为的含义。关于"至善"朱熹解释道："至善，则事理当然之极也。"这是指一种最高的道德目标和道德境界，"止于至善"就是要达到这一境界。因此，"止于至善"这一纲领是最高的，是"明明德"和"亲民"二纲领的最终发展归宿和目标，要求在实践中把"明明德"的内在修为和"亲民"的外在功用都发挥到最高点。所以朱熹又说："盖必其有以尽夫天理之极，而无一毫人欲之私也。"（《大学章句》）也许朱熹"存天理，灭人欲"的思想正来源于对《大学》"三纲领"的诠释。

三 八 条 目

《大学》在提出了"三纲领"之后接着又提出了"八条目"。一般认为,格物、致知、诚意、正心是达到"明明德"的道德内在修为方法,是修身的主要途径;而齐家、治国、平天下是"亲民"的必然要求,是道德的外在功用。

《大学》认为,修身的起点是"格物""致知"。所谓"格物"就是指"对自然外界进行研究"的意思。格物、致知是联系紧密、层层递进的两个步骤:"格物"的逻辑结果是获得对万事万物运行发展规律的理性认识,即"致知";而"致知"的来源首先是主体对客观外界事物的认知,即"格物"。所以《大学》说:"物格而后知致。"朱熹解释说:"物格者,物理之极处无不到也。知至者,吾心之所知无不尽也""致,推极也;知,犹识也。推极吾之知识,欲其所知无不尽也。格,至也;物,犹事也。穷至事物之理,欲其极处无不到也"(《大学章句》)。刻苦地研究探讨事物的道理达到穷尽的地步,从而使自己的认识也达到一个较高的层次,这是"格物""致知"所要达到的高度。

在修身的第一步完成之后,《大学》又逻辑地提出了诚意、正心的行为步骤。关于"诚意",《大学》解释道:"欲诚其意,先致其知。"先有对社会伦理的深刻认识,才能在主体内心树立真正"修身"的诚意。"所谓诚其意者:毋自欺也,如恶恶臭,如好好色,此之谓自谦。故君子必慎其独也。"(《大学章句》)"诚意"就是不自欺欺人,就是独善其身,就是表里如一,在精神上感到极大的满足。这里提出了"慎独",什么是"慎独"?《大学》解释说:"小人闲居为不善,无所不至,见君子而后厌然,揜其不善,而著其善。人之视己,如见其肺肝然,则何益矣。此谓诚于中,形于外,故君子必慎其独也。""慎独"是要求人们在一个人独立进行活动,没有他人进行监督的情况下,自觉地以道德的规范和要求,指导自己的行动,不做任何违背道德要求的事。因为诚与不诚、欺与不欺,虽发于内心,但必然会表现出来。朱熹对此解释说:"独者,人所不知而己所独知之地也。言欲自修者,知为善以去其恶,则当实用其力,而禁止其自欺……不可徒苟且以徇外而为人也。然其实与不实,盖有他人所不及知而己独知之者,故必谨之于此以审其几焉。"(《大学章句》)关于"正心",《大学》也作了详细解释:"所谓修身在正其心者,身有所忿愓,则不得其正;有所恐惧,则不得其正;有所好乐,则不得其正;有所忧患,则不得其正。心不在焉,视而不见,听而不闻,食而不知其味;此谓修身在正其心。"在《大学》看来,恐惧、忧患等不良情绪深深影响着"心"发挥其正常的认识功能,因此,所谓"正心"就是摒弃外界干扰和不良情绪的影响,使"心"能正常发挥其辨知事物的功能,一句话,就是要做到专心致志、精力集中。

由"格物致知"到"诚意正心"体现的是道德主体进行"修身"的步骤和层次,以期实现"明明德"。但仅此还不够,还需要将这种内在的修为落实到外在的治国平天下,做到"亲民",这样才算达到"止于至善"的境界,实现"大学之道"。

由内到外、由小到大、由家到国是"大学之道"的内在规律。由"明明德"到"亲民"是由内到外,从"齐家"到"治国""平天下"是由小到大、由家到国。对于"齐家",《大学》道:"所谓齐其家在修其身者:人之其所亲爱而辟焉,之其所贱恶而辟焉,之其所畏敬而辟焉,之其所哀矜而辟焉,之其所敖惰而辟焉。故好而知其恶,恶而知其美者,天下鲜矣!"人的感情容易被一时的好恶、贵贱所蒙蔽,从而不能以正确、全面的眼光来看待事物,这样很容易造成对事物的片面理解。从现代社会学的角度看,家庭是社会最基本的细胞,而人又是组成家庭的最基本元素,只有社会中每一个独立个体在自身的整体素质方面有了全面的提高,才可能维系家庭的内部稳定,最终也才能保持社会的稳定,保持社会道德水平的不断提高。从这一层面讲,《大学》所谓"身修而后家齐,家齐而后国治"的理论是有一定的科学道理的。"治国"必须以"齐家"为基础,为此《大学》又说:"所谓治国必先齐其家者,其家不可教,而能教人者无之。……一家仁,一国兴仁;一家让,一国兴让;一人贪戾,一国作乱。其机如此。……是故君子有诸己,而后求诸人,无诸己,而后非诸人。所藏乎身不恕,而能喻诸人者,未之有也。故治国在齐其家。"一家作风的好坏影响一国有兴亡,这充分说明了"齐家"对于"治国"的重要性。在中国传统社会结构中,"家""国"具有同质同构的特点,"家"是"国"的缩小,"国"是"家"的放大,因此,"家""国"的关系是极为密切的,"家"之不齐,"国"必将不治。《大学》强调"齐家"对"治国"的重要性,目的就是要引发人们对"修身""齐家"的重视,以便更好地做到政治伦理化与伦理政治化的结合和统一。"平天下"是儒家外用之道的最高目标,历代一些有作为的知识分子无不以"穷则独善其身,达则兼济天下"的宽大胸怀激励自我,追根溯源,与《大学》的"平天下"不无关系。《大学》道:"所谓平天下在治其国者,上老老而民兴孝,上长长而民兴弟,上恤孤而民不倍。是以君子有絜矩之道也。"也就是说,把"老老""长长""恤孤"作为"治国"的前提条件,只有做到了这一点,"治国"才会有坚实可靠的社会基础和保障,"平天下"的宏伟理想也才有可能实现。

附录2 《颜氏家训》的道德教育思想

　　《颜氏家训》(以下简称"家训")是南北朝时期北齐著名学者颜之推所撰,全书共20篇。它是南北朝时期民间儒学道德教育的代表作,涵盖了重人伦、行仁义、尊礼教、慎交游、倡忠诚等广博的道德教育的内容,提出了一系列家庭道德教育的原则与方法,每每有精道之处,对后世产生了深远的历史影响,被历代学者奉为家庭道德教育的重要教材,有"古今家训,以此为祖"(王三聘《古今事物考》二)之誉。

　　"家训"的作者颜之推,生于南北朝后期,亲历了时局的艰难、朝代的频换、人生的困厄,曾经三度成为亡国之人,遭受过一系列挫折与灾难。面对动荡的时代,他痛感"大道寝而日隐,《小雅》摧以云亡",精英儒学由于失去强有力的国家权力的支撑而不能转化为政治意识形态,起不到维系人心、整齐世人、稳定国家的作用。"举世溺而欲拯,王道郁以求申。"(《观我生赋》)痛苦之余,颜之推发出了拯救儒学、复兴儒学的呼声。他清醒地意识到,在当时的条件下,要恢复儒学类似于汉代的政治意识形态地位是不可能的,但是,在民间延续、发扬儒学的血脉则是可能的。这种意识,在他晚年体会得更加深刻。如《观我生赋》所云:"向使潜于草茅之下,甘为畎亩之人,无读书而学剑,莫抵掌以膏身,委明珠而乐贱,辞白璧以安贫,尧舜不能荣其素朴,桀纣无以污其清尘。此穷何由而至,兹辱安所自臻?而今而后,不敢怨天而泣麟也。"因此,他不寄希望于庙堂之上,而注目于草茅之下,致力于重建民间儒学的家庭道德教育,以此作为保存儒家传统的依托和修齐治平的根基。颜之推根据传统儒家道德传统学说,总结他一生治家、处世、为人的丰富经验,于晚年撰成"家训"一书。他明确指出:"夫圣贤之书,教人诚孝、慎言、检迹、立身、扬名,亦已备矣。……吾今所以复为此者,非敢轨物范世也,业以整齐门内,提撕子孙。"(《颜氏家训·序致》)目的在于使子孙们学习"仁孝礼仪"(《颜氏家训·教子》),"务先王之道,绍家世之业"(《颜氏家训·勉学》),以实践"修齐治平"的道德理想。

一 "自怜无教,以至于斯"

"家训"首先从家教的特殊作用出发,充分肯定了家庭道德教育的重要性。颜氏认为少年儿童有对自己的亲者、长者十分信任,并愿意听其教诲的特点。"同言而信,信其所亲;同命而行,行其所服。禁童子之暴谑,则师友之诚,不如傅婢之指挥;止凡人之斗阋,则尧舜之道,不如寡妻之诲谕。"(《颜氏家训·序致》)这是因为傅婢、寡妻与孩子们生活在同一家庭之中,朝夕相处,关系最密、感情最深,具有教育儿童的得天独厚的条件。由于父母与子女的亲子之情,增加了教育的感染力,因而易为子女所信,而父母又是长者,对子女享有宗法之权威,因而易为子女所悦服。所以家庭教育可以收到事半功倍的效果。家教的这种特殊作用,恰恰是其他教育部门所难以达到的。而父母作为子女的第一任启蒙师长,教育的好坏,又直接影响到子女的未来。

在"家训"中,颜之推还通过总结自己少年受教"铭肌镂骨"的教训,来证明家庭教育的重要性。他说:"吾家风教,素为整密,昔在龆龀,便蒙诲诱。"他幼年时代也曾受到严格的家教。但自九岁丧亲以后,靠"慈兄鞠养",兄长虽然爱他,却"有仁无威,导示不切",对他要求不严,所以"虽读《礼传》,微爱属文",然又"为凡人之所陶染",接受了社会上坏风气影响,以致"肆欲轻言,不备边幅"。到了十八九岁,"少知砥砺",想努力改造,无奈"习若自然,卒难洗荡",一下子改不过来,"每常心共口敌,性与情竞",明知不对,却又抑制不住;对说过的话,做过的事,过后一想又觉不对,往往"夜觉晓非,今悔昨非",老是处于捉摸不定的苦恼之中。他认为这都是由于从小缺乏良好家庭道德教育的结果。"自怜无教,以至于斯。"(以上均见《颜氏家训·序致》)

二 教人"诚孝、慎言、检迹、立身、扬名"

颜之推生于儒学故乡,具有源远流长的家学渊源,"世以儒雅为业,世善《周官》《左氏》学"(《颜氏家训·诫兵》)。他本人也崇拜传统的儒家文化,向往政教俱兴的太平盛世。在"家训"中他极力弘扬、灌输儒学倡导的由修身、齐家出发的治国平天下之道。"家训"的卷首就开宗明义地指出:"夫圣贤之书,教人诚孝、慎言、检迹、立身、扬名,亦已备矣。"(《颜氏家训·序致》)读"圣贤之书"是手段,"诚孝、慎言、检迹、立身、扬名"是目的。这一切虽是儒家的老话,但因其具有现实的针对性而被赋予新的意义。

1. 须早教,勿失机

颜之推认为,对儿童的家庭道德教育开展得越早越好。因为"人生小幼,精神专利,长成已后,思虑散逸,故须早教,勿失机也"(《颜氏家训·勉学》)。这就是说,小孩知欲未开,具有很大的可塑性。因此，教子"当及婴稚"，在孩子能够"识人颜色，知人喜怒，便加教诲"，使他们动静、举止有序，"使为则为，使止则止"。这样，"比及数岁，可省笞罚"。相反，要是不趁子女幼小而施加教诲，到了"习惯如自然""骄慢已习，方复制之"，那就晚了。这时父母再怒而禁之，只能增加彼此怨恨，造成情绪对立。所以少而不教，"逮于成长，终为败德"。"家训"不仅提倡"早教"，而且主张"胎教"。"古者，圣王有胎教之法，怀子三月，出居别宫，目不邪视，耳不妄听，音声滋味，以礼节之。"（以上均见《颜氏家训·教子》）当然，"胎教"对于"凡庶"人家来说，是没有这种条件的。至于"保傅之设"，像成王那样，还处于襁褓之时，便受三公教诲，那也只是少数达官贵人所能办到的。

2. 于人伦为重

"整齐门内，提撕子孙"（《颜氏家训·序致》）是颜之推作"家训"的直接目的。处理好家庭内部的各种关系，是民间儒学道德教育的基本内容。这是因为："夫有人民而后夫妇，有夫妇而后有父子，有父而后有兄弟。一家之亲，仅此三而已矣。自兹以往，至于九族，皆本之于亲焉。故于人伦为重也，不可不重。"（《颜氏家训·兄弟》）以家庭为本，由"三亲"而"九族"的宗法血缘关系是我国封建社会的人伦基础。历来儒家把"人伦"放在各种道德关系的首要地位。颜之推在提倡道德教育时，也自觉地以此为中心。他对于处理父子、兄弟、夫妇之间关系的论述，在原则上并未超出儒家的范围，只是根据现实情况，提出了如何巩固这种伦常关系的意见。关于父子关系，他认为"父子之严，不可以狎；骨肉之爱，不可以简"，否则就会"孝慈不接，怠慢生焉"。因此他主张"父子异宫"（《颜氏家训·教子》），既保证父子间形成父慈子孝的良好人伦关系,又避免过分亲近溺爱而养成子女傲慢骄横的恶习。颜之推十分重视兄弟和睦对巩固家庭的作用,他说:"兄弟者,分形连气之人也。方其幼也,父母左提右擎,前襟后裾,食则同案,衣则传服,学则连业,游则共方,虽有悖乱之人,不能不相爱也。"兄弟之间从生理上说,血脉气息相通;从感情上讲,从小就同甘共苦,风雨同舟。双亲过世之后,"兄弟相顾,当如形之于影,声之于响",比其他人多一份默契和感应,所以更应该珍惜。然而由于妯娌的插入,使得兄弟"亲厚之恩,不能不少衰",甚至出现"兄弟不睦,则子侄不爱;子侄不爱,则群从疏薄"的局面。若此,"则行路皆踏其面而蹈其心,谁救之哉"! 对此,颜之推痛心疾首,感叹道:"人或交天下之士,皆有欢爱,而失敬于兄者,何其能多不能少也! 人或将数万之师,得其死力,而失恩于兄者,何其能疏而不能亲也。"(以上均见《颜氏家训·兄弟》)关于夫妇关系,他从男尊女卑的传统观念出发,认为"妇主中馈,唯事酒食衣服之礼尔。国不可使预政,家不可使幹蛊。如有聪明才智,识达古今,正当辅佐君子,助其不足,必无牝鸡晨鸣,以致祸也"(《颜氏家训·治家》)。即是说,女子处于依附于男人的卑下地位,即使有聪明才智,也只能发挥在辅佐夫君上,如果有大胆干涉国务家事的,正如母鸡打鸣一样,被认为是不祥之兆,定会闯下大祸。在颜之推倡导的家庭人伦关系中,包括一些重视亲情、兄弟友爱、互助互爱的合理因素,在现代社会中仍有其道德价值。但是,他强调的家庭人身依附关系,男尊女卑,反对人格独立与平等,恰恰是中国传统伦理中的糟粕,不能不予以揭露与抨击。

3. 以仁义为节文

颜之推认为,对弟子进行仁义教育,以使他们树立牢固的仁义信念,是民间儒学道德教育的重要任务。他说:"为善则预,为恶则去,不欲党人非义之事也。凡损于物,皆无与焉。……墨翟之徒,世谓热腹,杨朱之侣,世谓冷肠;肠不可冷,腹不可热,当以仁义为节文尔。"(《颜氏家训·省事》)仁义被颜之推当作道德价值判断的法则,人的行为的善恶、是非、美丑,都必须以合乎仁义与否去衡量。勿以善小而不为,勿以恶小而为之。凡是符合正义的事,都应不惜代价去履行;凡是不义之事,都不应参与。君子以仁义来节制修饰自己的言行,就不会出错了。

当仁义与利益发生矛盾时,颜之推从儒家传统的价值取向出发,主张贵仁义而轻财利。本来,乐善好施、崇尚俭朴是中华民族的传统美德,但人之常情,往往失之偏颇。"今有施则奢,俭则吝",俭朴之人过于吝啬,好施之人流于奢侈。对此,颜之推认识到培养子孙"施而不奢,俭而不吝"(《颜氏家训·治家》)的完善品格的重要性。他说:"素鄙吝者,欲其观古人之贵义轻财,少私寡欲,忌盈恶满,赒穷恤匮,赧然悔耻,积而能散也。"(《颜氏家训·勉学》)古人仗义疏财,倾其所有以周济他人,会积聚财富,也会在需要的时候散发出去,由此千百年来形成了良好的重义轻财的社会道德风尚。今人更应该发扬这种传统美德。"亲友之迫危难也,家财己力,当无所吝"(《颜氏家训·省事》),当别人陷于穷困危难之中时,当慷慨解囊,尽力体恤帮助。贵义轻财,是君子不可或缺的品格,他甚至认为"不识仁义……慎不可与为邻,何况交结乎"(《颜氏家训·归心》)?对于那些不识仁义的人,不要和他做邻居,更不要说交朋友了。

4. 礼为教本

礼是处理人与人、人与社会的关系的道德标准,它尤其是民间儒学道德教育中最具有实践性的一个道德范畴。颜之推十分重视礼的教化。他认为"礼为教本","礼,身之干也"。礼是教化的根本,是立身的基础。一个人如果能时刻守礼,经常保持"瞿然自失,敛容抑志"(《颜氏家训·勉学》)的恭敬心态,就能在社会实践中时刻遵守各种典章制度,不致触犯刑律而遭诛身、毁家、灭族之祸。他认为礼应贯穿于人生的各环节。譬如在日常生活中,他说:"吾观《礼经》,圣人之教:箕帚匕箸,咳唾唯诺,执烛沃盥,皆有节文。"《礼经》中明确规定,洒扫应对、日常居食都有一定的节制规范。士大夫君子在日常生活的方方面面,都应严格遵守这些礼仪规范。人际交往中也有礼节。"南人宾至不迎,相见捧手而不揖,送客下席而已;北人迎送至门,相见则揖,皆古之道也,吾善其迎揖。"南方人迎宾仅捧手,送客仅下席,尽管是习欲所然,但总觉得人情淡漠;北方人迎来送往十分讲究礼仪,颜之推对此推崇备至。对于丧葬之家,也有一定的礼节讲究。"江南凡遭重丧,若相知者,同在城邑,三日不吊则绝之……有故及道遥者,致书可也……不于会所而吊,他日修名诣其家。"(以上均见《颜氏家训·风操》)亲戚朋友家遭丧,若离得不远,三天之内要前往悼唁;若有事或道路太远,可以写书信表示哀悼,日后专程上门慰问。

5. 君子必慎交游

择邻交友,是颜之推进行民间儒学道德教育过程中比较注意的问题。他说:"人在年少,神情未定,所与款狎,熏渍陶染,言笑举动,无心于学,潜移默化,自然似之;何况操履艺能,较明易习者也?是以与善人居,如入芝兰之室,久而自芳也;与恶人居,如入鲍鱼之肆,久而自臭也。墨子悲于染丝,是之谓也。君子必慎交游焉。"(《颜氏家训·慕贤》)颜之推认为环境对一个人的道德养成至关重要,近朱者赤、近墨者黑。特别是青少年,更容易受到环境的影响,通过模拟仿效周围人的言行举动,潜移默化,形成品质。所以一定要谨慎选择交往的对象,"必有志均义敌,令终如始者,方可议之"(《颜氏家训·风操》),不可轻率滥交。一旦遇上贤达君子,则应"心醉神迷向慕之"(《颜氏家训·慕贤》)。颜之推倡导子人际交往上要"慎交游",应择善而居、择善而从、择善而交,揭示了人际交往对象的品行善恶对自身德性和品质养成的重要作用,对今天未成年人的道德教育特别具有启示意义。实质上,他反映了道德养成的客观规律。

6. 诚臣徇主而弃亲

"诚"即"忠",为避隋文帝父名忠讳,故以"诚"代"忠"。忠作为传统儒学的一个基本范畴,自然被颜之推纳入重建民间儒学的道德教育中,这在"家训"中处处有所体现。他说:"诚(忠)臣徇主而弃亲"(《颜氏家训·归心》),"行诚(忠)孝而见贼……泯躯而济国,君子不咎也"(《颜氏家训·养生》)。作为忠臣,就应该以身殉主,谓词不惜放弃奉养双亲的责任。如果是奉行忠孝而被杀害,或为拯救国家而捐躯,君子是不会抱怨的。对于那些不知道以忠侍奉国君的人,他主张"欲其观古人之守职无侵,见危授命,不忘诚谏以利社稷,恻然自念,思欲效之"(《颜氏家训·勉学》),让他们看看古代的忠臣如何坚守职责,不侵凌犯上,在危急关头,不惜献出生命,以国家利益为重,不忘自己忠心进谏的职责。然后以古人为榜样,做一名忠臣。忠还体现为对君主忠贞不贰。他说:"不屈二姓,夷齐之节也;何事非君,伊箕之义也。……然而君子之交绝无恶声,一旦屈膝而事人,岂以存亡而改虑?陈孔璋居袁裁书,则呼操为豺狼;在魏制檄,则自绍为蛇虺。在时君所命,不得自专,然亦文人之巨患也,当务从容消息之。"(《颜氏家训·文章》)伯夷、叔齐是古代的两位忠节之士,颜之推非常推崇夷齐气节,认为君子之交重在道义,不可因时势的逼迫、利禄的诱惑而改变初衷,背信弃义。比如陈孔璋这样的文人,在袁绍帐下大骂曹操,投降曹操后有大骂袁绍,朝秦暮楚,唯主子马首是瞻,实在是文人的败类。他援引了一位北齐人士教子的事例表明了他的观点。那位北齐人士说:"吾有一儿,年已十七,颇晓书疏,教其鲜卑语及弹琵琶,稍欲通解,以此伏事公卿,无不宠爱,亦要事也。"(《颜氏家训·教子》)颜之推严厉谴责说:"异哉,此人之教子也! 若由此业,自致卿相,亦不愿汝曹为之。"(《颜氏家训·教子》)千军可夺帅,匹夫不可夺志。大丈夫岂能蝇营狗苟,摧眉折腰,事奉权贵? 齐士这种教子但求富贵,不论人格、气节的思想和行为,有一定的负面典型意义。鲁迅先生就此评论说:"齐士的办法,是庚子以后官商士绅的方法。"(《〈扑空〉正谈》)可知齐士这种丧失民族气节的言行,一直成为人们鞭笞的对象。而颜之推的谴责无论于当时或后世,都有着促人警醒的作用。

三　风化者,而上而行天下

家庭是民间儒学道德教育的基本单位。颜之推认为,父母作为家庭道德教育的主体,在对子女施以道德教育的过程中,应遵循如下一些原则和方法:

1. 父当以学为教

颜子推认为,作为父母应当明了,教育子女是义务和责任,而不是施恩惠。他借自己与长子思鲁的对话阐明其观点说:"思鲁尝谓吾曰:'朝无禄位,家无积财,当肆精力,以申供养。每被课笃,勤劳经史,未知为子,可得安乎?'吾命之曰:'子当以养为心,父当以学为教。'使汝弃学徇财,丰吾衣食,食之安得甘? 衣之安得暖? 若务先王之道,绍家世之业,藜羹缊褐,我自欲之。"(《颜氏家训·勉学》)当子女的应当把赡养之责放于心上,而当父母的则应把对子女的教育作为根本大事。放弃教育,是父母严重的失职。魏晋而后,社会风气浮侈,一般士族子弟游手好闲,荒嬉学业,导致整个阶层的腐朽堕落,危及整个封建地主阶级的长治久安。颜之推希望每一位父母都承担起"以学为教"的义务,使儿孙继承儒家的修齐治平之道,光仰先祖仰赖的儒家事业,重振儒家纲纪,以儒家风范来拯救乱世于既衰。这种对教育的重视态度,在当时封建士大夫阶层中,应该是很有远见的。

2. 威严而有慈

爱子女是天下父母的共同感情。但在培育子女的过程中,父母往往偏重于爱的一面而忽视教的一面。他说:"吾见世间,吾教而有爱,每不能然。饮食运为,恣其所欲,宜诫翻奖,应呵反笑,至有识知,谓法当尔。"等到坏习惯已养成,想要纠正制止也晚了。"捶挞至死而无威,仇怒日隆而增怨,逮于成长,终于败德。"这样溺爱子孙,其结果严重的会导致"倾宗覆祖"的大祸。所以在教育方法上,他主张"父母威严而有慈,则子女畏慎而生孝矣",要把慈爱与严教有机结合起来,寓爱于教。父母对待子女的错误与缺点,要像医生对待病人的疾病一样,"用汤药针灸救之",在万不得已的情况下,还可采取强制性的鞭挞方法,"使为则为,使止则止"(以上均见《颜氏家训·教子》)。

3. 人之爱子,贵在能均

颜之推认为父母在对待子女时,要一视同仁,反对偏宠偏爱。他说:"人之爱子,罕亦能均;自古至今,此弊多矣。贤俊者自可赏爱,顽鲁者亦当矜持。有偏宠者,虽欲以厚之,更所以祸之。"(《颜氏家训·教子》)公正地对待每一个子女,是家庭道德教育中不可忽视的原则。每一个孩子在家庭中都享有同等被爱和受教育的权利。父母在对待子女时,任何小小的偏爱,都会在孩子们中间引起不良反应,以致造成他们之间的分裂,影响各自品性的形成。被偏爱者往往自高自大、骄横跋扈;被冷落者则自暴自弃,失去进步的信心。所以无论是资质"贤俊者",还是"顽鲁者",都应同样对待。

4. 风化者,自上而行于下

颜之推重视理想人格在家庭道德教育中潜移默化的作用,提倡以身作则,正身率下。他说:"夫风化者,自上而行于下者也,自先而施于后者也,是以父不慈则子不孝,兄不友则弟不恭,夫不义则妇不顺矣。"(《颜氏家训·治家》)教育感化,上行下效。教育主体的思想、行为和品格,对受教者来说,是一面镜子,更是一本活教材。因此,父慈则子孝,兄友则弟恭,为人父母者,要加强自身的道德修养,当好表率作用,言传身教,就会收到良好的效果。

《颜氏家训》的道德教育思想对后世产生了深远的影响。它通过家训这种民间儒学形态,由教育家庭成员修身齐家,扩展到维护整个封建社会;它使传统儒学的道德教育思想得以沿袭,并由于极强的实践性和可操作性而渗透于整个民族心理之中,对于重构儒学的道德教育体系起到了十分重要的作用。这也正是《颜氏家训》作为儒学所特有的社会功能。无怪乎王三聘先生盛赞它"古今家训,以此为祖"(《古今事物考》),王钺称誉它"篇篇药石,言言龟鉴"(《读书丛残》)。平实而言,《颜氏家训》是我国传统家庭道德教育的一个缩影。它既暴露了封建道德教育思想的严重局限,又包含着中华民族家庭道德教育的宝贵经验,值得我们今天在加强公民道德建设的历史进程中认真地批判汲取其中有益的部分。

参考文献

1. 《十三经注疏》,中华书局 1980 年版。

2. 《尚书译注》,王世舜撰,四川人民出版社 1982 年版。

3. 《论语译注》,杨伯峻撰,中华书局 1980 年版。

4. 《墨子闲诂》,(清)孙诒让撰,中华书局 1959 年重印。

5. 《老子新译》,任继愈撰,上海古籍出版社 1978 年版。

6. 《孟子译注》,杨伯峻撰,中华书局 1962 年版。

7. 《荀子简释》,梁启雄撰,北京古籍出版社 1956 年版。

8. 《礼记正义》卷 60,(汉)郑玄注,(唐)孔颖达疏,中华书局 1980 年影印本。

9. 《韩子浅解》,梁启雄撰,中华书局 1960 年版。

10. 《春秋繁露》,(汉)董仲舒著,(清)凌曙注,中华书局 1975 年版。

11. 《颜氏家训集解》,王利器撰,上海古籍出版社 1980 年版。

12. 《韩昌黎文集校注》,马通伯校注,古典文学出版社 1957 年版。

13. 《二程集》,(宋)程颢、程颐著,中华书局 1981 年版。

14. 《四书集注》,(宋)朱熹著,岳麓书社 1985 年版。

15. 《王阳明全集》,王宇仁著,上海大东书店 1936 年版。

16. 《尚书引义》,(明)王夫之著,中华书局 1962 年版。

17. 《张子正蒙注》,(明)王夫之著,中华书局 1975 年版。

18. 《四存编》,(明)颜元著,中华书局 1959 年版。

19. 《中国伦理学史》,蔡元培著,商务印书馆 1910 年版。

20.《人生哲学》，冯友兰著，商务印书馆1926年版。

21.《中国人生哲学概要》，方东美著，问学出版社1984年版。

22.《宋明理学史》（上、下卷），侯外庐、邱汉生、张岂之主编，人民出版社1984、1987年版。

23.《中国伦理思想》，余家菊著，商务印书馆1946年版。

24.《比较伦理学》，黄建中著，台湾编译局1974年版。

25.《中国伦理学说史》（上、下卷），沈善洪、王凤贤著，浙江人民出版社1985—1988年版。

26.《中国伦理思想史》，陈瑛等著，贵州人民出版社1985年版。

27.《中国伦理思想研究》，张岱年著，上海人民出版社1989年版。

28.《先秦伦理学概论》，朱伯昆著，北京大学出版社1984年版。

29.《中国近代伦理思想史》，张锡勤等编著，黑龙江人民出版社1984年版。

30.《中国传统伦理思想史》，朱贻庭主编，华东师范大学出版社1989年版。

31.《中国近代伦理思想研究》，徐顺教、季甄馥主编，华东师范大学出版社1993年版。

32.《中国传统道德》，罗国杰主编，中国人民大学出版社1995年版。

33.《中国古代教育史资料》，孟宪承等编，人民教育出版社1961年版。

34.《中国古代教育文选》，孟宪承编，人民教育出版社1980年版。

35.《中国教育通史》，毛礼锐、沈灌群主编，山东教育出版社1985—1989年版。

36.《中国教育史》，孙培青主编，华东师范大学出版社1992年版。

后记

爱因斯坦说过："一切人类的价值的基础是道德。"(《给妹妹的信》)当我在大学伦理学教学与研究的岗位上耕耘了 37 个春秋之后，益发能体认这句话蕴含着的深刻而丰富的哲理。道德是人类文明进步的精神结晶。

本书旨在探讨中国传统伦理道德问题。面对席卷全球的现代化浪潮，中国传统文化如何发展？面对全球经济一体化裹挟的西方道德价值观念和生活方式的"异质文化入侵"，中国传统的道德文明该如何承继与创新？这是我们必须认真思考与回答的问题。

中国的伦理文化发展，要有一种理性的民族文化自尊。包括中国伦理文化在内的中国文明有自己的特质，自己的优势。中国传统伦理道德中的精华，是中华文明的瑰宝。在经济和科技高度发展，生活方式急剧变迁的今天，其价值不是减弱了，而是大大增强了。英国哲学家罗素认为，中国文明是世界上四大古国文明中唯一得以幸存和延续下来的文明。自从中华文明诞生以来，埃及、巴比伦、波斯、马其顿和罗马帝国的文明都相继消亡，但中国文明通过持续不断地改良，得以传承与发展。中国人平和、宽容、幽默、节制、忍耐、讲究公正等优秀品质正是现代社会最最需要的。全面建设小康社会需要我们汲取中国传统伦理智慧，弘扬中华民族的传统美德。

中国的伦理文化发展，需要一种面向世界的开放视野。在大世界正成为小村落的今天，中西文化的有益交流和优势互补，能使中国的传统伦理精神获得新的思想材料和刺激因素。罗素曾说："我有足够的理由相信,东西方文明的交流将使双方受益。中国人可以从我们西方人那里学习不可缺少的讲究最高实际效率的品质,而我们西方人可以从中国人那里学习善于沉思的明智。"①他认为:"西方文明的显著优点是科学的方法;中国人的显著优点是对生活的目标持有一种正确的观念。"②当今世界,由于西方发达国家的经济、科技、军事的强势发展,客观上造成西方文化强势与霸权。一些中国人在反思中国传统伦理弱点时,产生了一种"西方强势文化崇拜"和"中国传统文化自虐"心理,这是需要我们警觉的。西方伦理文化中重视竞争、开拓、进步与效益,推崇个性自由、人权平等、民主所有权和自我维护等包含了值得现代中国伦理吸取的有益因素,但其片面追求个人至上、强权迷恋、侵略好战、放纵欲望、无休止的变化等又必定会给这个世界带来灾难。究竟怎样的伦理文化能真正增进人类的进步、和谐与幸福? 这仍然是值得我们认真思考的。罗素认为:"假如中国人能自由地从我们西方文明中吸取他们所需要的东西,抵制西方文明中某些坏因素对他们的影响,那么中国人完全能够从他们自己的文化传统中获得一种有机的发展,并能结出一种把西方文明和中国文化的优点珠联璧合的灿烂成果。"③常常记起罗素的告诫对我们如何推进社会文化建设是有益的。

本书是我三十多年来在大学伦理学教学岗位上学习与研究我国传统伦理思想的一点小小心得,力图从内容宏富、博大精深的中

---

① 罗素:《中国人的性格》,王正平译,中国工人出版社 1993 年版,第 47 页。
② 同上,第 43 页。
③ 同上,第 22—23 页。

国传统伦理思想中,尽力提炼出一些精要的、对当代中国的道德建设有价值的、富有启示意义的东西,反映中国哲人有关道德和人生的一些主要智慧。

本书的成因有一个过程。1988年,正是我国改革开放进入第十个年头。现实生活中传统与现代思想观念的激烈冲撞,中西经济、科技、文化发展的种种差异,促使我国哲学界的许多有识之士对中国传统的道德观、人生观进行反思。在此背景下,我个人负责承担了国家社会科学研究项目《中西人生哲学之比较研究》,侧重于中国传统人生观与现代西方人生哲学的比较研究。尽管那个时候这个项目获得的研究经费甚少,我仍以很大的理论求索热忱,备尝艰辛,历时数年。

当我在理论比较研究领域进行较深入探索之时,逐步认识到,面向21世纪的中国人要构建具有新时代特征的健全向上的道德观和人生观,应当正确地对待中华民族的道德遗产,积极地批判继承本民族特有的优秀道德传统。我们要解放思想,开阔眼界,从全人类的生存智慧中汲取一切有益的思想养料,首先应当重视从中华民族五千年文明的思想宝库中汲取一切有益的思想养料。同时,我还认识到,人生哲学与道德哲学(伦理学)两者之间有着不可分割的内在联系。胡适在《中国哲学史大纲》中认为,伦理学即是人生哲学,两者都是要解决"人在世应当如何行为"的问题。李石岑也曾在其著名的《人生哲学》结论中谈到,"由伦理学更易考察人生哲学的精髓"。鉴于我国现实社会道德建设的需要和理论认识的深化,当我在计划对中国传统人生哲学的主要思想进行梳理时,决定不再局限于狭义的人生观念,而是着眼于广义的人生观——道德价值观。事实上,在中国伦理思想史上,许多杰出的思想大家的道德观和人生观常常是密切地联系在一起的。在中国哲人看来,追求人生的至善至美,首先要追求思想和行为的至善至美。只有思想和行为是至善至美的,才有至善至美的人生。于是,我便决意从汲取中华民族优秀道德传统,为建设有中国特色的时代新道德服务的角度,写一本探讨中国传统道德论的著作。

本书的构思和写作始于1992年初。尽管我在读大学和当哲学研究生期间就对中国传统伦理思想研究产生了浓厚的兴趣,并先后积累了相当的研究资料,但当我力图从内容宏富、博大精深的中国传统伦理思想中尽力提炼其中对当代中国的道德建设最有价值的东西时,深感这并非是一件易事。在研究与写作中,我自知知识浅陋,唯以勤勉、严谨、求实,注意学习前人研究的有益成果,更注重对历代思想大家第一手学术资料的钻研,力求有新的分析,新的见地,简明地反映中国哲人有关道德和人生的最有价值的智慧。

1996年,由我主笔的《善的智慧》一书完成,由复旦大学出版社正式出版。这本书篇幅较小,但不曾料到,这本小书竟受到广大读者的热忱欢迎。2004年,根据教学工作和学科建设的需要,我对此书的内容做了进一步的充实。苏建军副研究员、苏令银副教授协助我为个别章节做了补充和资料收集工作。此书当年以《中国传统道德论探微》为书名由上海三联书店正式出版。21世纪初的中国思想界,不少人关注的重点是西方的伦理文化精神,我的这本书对中国优秀传统道德伦理文化的分析与肯定,或多或少地反映了我国思想界对本国文化的一种自信和自觉。

该书尽管是一本浅陋之作,存在许多不足,多年来一直受到不少学界同仁的赞赏和肯定,特别是受到初步涉及中国传统伦理道德思想的教师、研究生和大学生的由衷欢迎。一些年来,我经常在参加的一些全国性学术会议上,遇到读过此书给予热忱鼓励学者,有的自己已经当教授多年了。说来也巧,去年暑假,我带研究生到山东社会调查与讲学,巧遇山东临沂大学杨志刚副教授。他非常热情地介绍说,多年以前,他就读于哈尔滨工程大学思政教育专业博士,方向是传统文化与德育,《中国传统道德论探微》是他读博士期间精读的第一本书,细读并认真做了笔记。小聚时,杨博士还特别向我和在座的老师展示和宣读他当年读书笔记片段:"读罢本书,阖书冥思,仿佛透过历史的窗口,思绪游荡于古今,内心仿佛经过洗涤,感慨先贤圣哲的智慧人生与中国人所应秉承的道德精髓。作为一个刚刚步入从事古代传统德育研究的起步学徒,从王正平老师的论述中,一位位个性鲜明,论点各异的思想家,教育家从历史的尘封中鲜活地走了出来,或娓娓讲学,或愤世嫉俗,或忧国忧民,使我与他们有了超近距离的接触。"我为他敬重知识和虚心好学的精神所感动。其实,对我们这些默默耕耘,以追求知识与真理为使命,以读书、教书、写书为乐趣的大学教师来说,没有比以文会友,知音在天涯更加令人欣慰的。

近年来,我们国家在大力推进中国特色社会主义文化建设的进程中,开始高度重视弘扬中国优秀传统文化,如何继承中华民族的优秀传统道德,成为全社会关注的一件大事。应许多读者的热忱希望和学界友人的热情建议,我对《中国传统道德论探微》一书做了一些小的修改与调整,由上海教育出版社以"中国传统道德智慧"为名再次出版。但丁说:"人不能像走兽那样活着,应该追求知识和美德。"(《神曲》)在我们探究中国传统道德智慧的时候,包含着我们自身对知识和美德的向往和追求。假如读者能从本书中领悟到一些善的智慧，将是我们的莫大愉快。

在本书修订出版之际，我不能忘记许多年以来在此书的酝酿、写作和修改过程中，先后获得魏道履教授、夏乃儒教授、朱贻庭教授、陈卫平教授、朱敏彦教授等人的热忱鼓励、指导和帮助，也非常感谢在书稿的写作过程中，申浩博士、研究生缪美芹、高振东等人为本书的电脑文字输入、书稿校对付诸的辛勤劳动。

在本书修改出版之际，我还要特别感谢"上海高峰高原学科建设"上海师范大学哲学项目提供的出版资助，感谢上海教育出版社领导刘芳和责任编辑邹楠、储德天给予的大力支持。

限于笔者的知识水平，本书的不当之处难免，敬请有关专家和读者批评指正，以便今后进一步完善。

王正平
2019 年 12 月冬至于上海师范大学跨学科研究中心